全国煤矿安全技术培训通用教材

煤矿安全检查作业

中国煤炭工业安全科学技术学会煤矿安全技术培训委员会
应 急 管 理 部 信 息 研 究 院   组织编写

应急管理出版社

·北 京·

图书在版编目（CIP）数据

煤矿安全检查作业/中国煤炭工业安全科学技术学会煤矿安全技术培训委员会，应急管理部信息研究院组织编写 . --北京：应急管理出版社，2019

全国煤矿安全技术培训通用教材

ISBN 978 - 7 - 5020 - 7162 - 2

Ⅰ.①煤… Ⅱ.①中… ②应… Ⅲ.①煤矿—矿山安全—安全检查—安全培训—教材 Ⅳ.①TD7

中国版本图书馆 CIP 数据核字（2019）第 065581 号

煤矿安全检查作业（全国煤矿安全技术培训通用教材）

组织编写	中国煤炭工业安全科学技术学会煤矿安全技术培训委员会
	应急管理部信息研究院
责任编辑	刘永兴　赵金园
责任校对	李新荣
封面设计	于春颖

出版发行　应急管理出版社（北京市朝阳区芍药居 35 号　100029）
电　　话　010 - 84657898（总编室）　010 - 84657880（读者服务部）
网　　址　www.cciph.com.cn
印　　刷　北京雁林吉兆印刷有限公司
经　　销　全国新华书店

开　　本　710mm×1000mm$^1/_{16}$　印张　$8^3/_4$　字数　151 千字
版　　次　2019 年 5 月第 1 版　2019 年 5 月第 1 次印刷
社内编号　20180527　　　　定价　25.00 元

编 委 会

前　　言

　　党中央、国务院高度重视煤矿安全生产工作。特别是党的十八大以来，习近平总书记就安全生产工作做出一系列重要指示批示，其中对煤矿安全生产工作的系列指示批示为做好新时代煤矿安全生产工作提供了行动指南。近年来，各产煤地区、煤矿安全监管监察部门和广大煤矿企业深入贯彻落实习近平总书记关于安全生产重要论述，按照应急管理部和国家煤矿安监局的工作部署，紧紧扭住遏制特大事故这个"牛鼻子"，扎实推进各项工作措施落实，全国煤矿安全生产工作取得明显成效，实现事故总量、较大事故、重特大事故和百万吨死亡率同比"四个下降"，煤矿安全生产形势持续明显好转。

　　同时，我们也要清醒地看到，煤矿地质条件复杂，技术装备水平不高，职工队伍素质有待提升，安全管理薄弱，我们还不能有效防范和遏制重特大事故，个别地区事故反弹，诸多突出问题亟待解决，安全生产形势依然严峻。为此，必须以践行习近平新时代中国特色社会主义思想的高度，从维护改革发展稳定、增加人民福祉的大局出发，以对党和人民高度负责的精神，认真落实党中央、国务院有关安全生产的指示精神，高度重视安全教育和培训工作对搞好煤矿安全工作的重要作用，牢固树立安全第一的思想，落实安全生产责任，切实加强煤矿安全生产工作。各类煤矿企业都要根据国家有关法律法规关于对企业从业职工进行安全教育和培训的规定，根据国家煤矿安监局提出的"管理、装备、素质、系统"四并重的煤矿安全基础工作理念，以及新颁布的《煤矿安全培训规定》要求，大力加强和规范煤矿安全教育和培训工作。

为了配合做好新形势下煤矿安全教育和培训工作，在中国煤炭工业安全科学技术学会煤矿安全技术培训委员会、应急管理部信息研究院的支持下，应急管理出版社与全国有关煤矿安全中心通力合作，根据当前我国煤矿安全培训的实际和要求，以2004年出版的《全国煤矿安全技术培训通用教材》为基础，对其进行了重新修订编写。它的编写出版，对于搞好煤矿安全培训工作，提高各类煤矿企业干部职工的整体安全技术素质，增强安全生产的意识和法制观念，使煤矿职工真正做到遵章守纪、安全作业，切实减少和杜绝事故，具有重要作用。特别是本次新编通用教材总结过去的经验，扬长避短，力求更具有系统性、科学性和准确性，突出其针对性、实用性。本次新编通用教材将煤矿安全生产知识、法律法规公共部分与专业安全技术理论知识分开编写出版；专业安全技术分册按照《煤矿特种作业安全技术实际操作考试标准（试行）》的要求增加了实操培训内容；各册封底配有二维码，可微信扫描进行模拟测试，测试题紧扣国家题库，课后多加练习有利于提高通过率。本次新编通用教材是一套对煤矿各级干部、工程技术人员、特种作业人员和新工人进行系统安全培训的好教材。

在教材编写过程中，得到了中国煤炭工业安全科学技术学会煤矿安全技术培训委员会、各煤矿安全技术培训中心和有关煤矿企业及大专院校的大力支持。在此，谨向上述单位与教材编审人员深表谢意。

编　者

二〇一九年三月

目　录

安全技术知识

安全操作技能

安全技术知识

第一章　安全检查工的安全检查依据

第一节　安全检查作业的依据

进行煤矿生产系统安全检查作业时，必须依据法律法规进行。煤矿井下采煤、掘进、机电、运输和提升以及"一通三防"等各个生产环节专业性很强，应依据的安全法律法规很多，涉及面比较广，主要有：

（1）全国人大颁布的法律，包括《中华人民共和国煤炭法》《中华人民共和国矿山安全法》《中华人民共和国矿产资源法》《中华人民共和国劳动法》《中华人民共和国职业病防治法》《中华人民共和国安全生产法》等。

（2）国务院颁布的法规，包括《中华人民共和国矿山安全法实施条例》《民用爆破物品管理条例》《国务院关于特大安全事故行政责任追究的规定》《安全生产事故报告和调查处理条例》《煤矿安全监察条例》等。

（3）国家安全生产监督管理总局发布的各项规定，包括《煤矿安全规程》《煤矿建设工程安全设施设计审查与竣工验收暂行办法》《煤矿矿用产品安全标志管理暂行办法》《职业安全健康管理体系审核规范实施指南》等。

（4）省（自治区、直辖市）级人民政府颁布的关于安全生产的地方性法规和规章等。

就煤矿各生产系统来讲，安全检查的依据主要是《煤矿安全规程》、作业规程、操作规程和《煤矿安全生产标准化基本要求及评分办法》等。

第二节　安全检查作业的内容、方式和方法

一、安全检查作业的内容

煤矿企业安全检查作业的内容一般包括以下几个方面：一是查思想，即对职工的安全意识及贯彻"安全第一，预防为主，综合治理"方针情况的检查；二是查制度，即对为执行法律法规而制定的规章制度及执行情况的检查，如安全设

施的"三同时"、事故处理的"四不放过"制度等；三是查现场，即检查生产场所及作业过程中是否存在操作人员的不安全行为、机械设备的不安全状态，以及不符合安全生产要求的作业环境等；四是查隐患，即检查是否存在安全隐患，严重程度，整改情况等。

二、安全检查作业的方式

安全检查作业通常采用以下几种检查方式：

（1）日常检查。日常检查不仅是进行安全检查，而且是职工结合生产实际接受安全教育的好机会。这种检查方式是由各基层班（组）长或安全检查工督促做好班前准备工作和检查交班前的交接验收工作。督促本班组成员认真执行安全规章制度和岗位责任制度。安全检查工应在各自业务范围内，经常深入现场，进行安全检查，发现问题，及时督促有关部门加以整改。

（2）定期检查。定期检查是每隔一段时间进行的一次安全检查。一般包括周检查、旬检查、月检查、季度检查、年度检查和节日前检查。

（3）专业性检查。指按专业系统，针对一个时期安全生产实际情况或上级指示精神，开展的专业系统检查。如采掘、机电、运输和"一通三防"等专业的对口检查。专业性检查以安全人员为主，吸收与检查内容有关的技术人员和管理人员参加。

（4）不定期检查。不定期检查是指不定时、不定点、不通知或临时通知的抽查。不定期检查一般由上级部门组织进行，带有突击性，从中可以看到安全生产的真实面貌，以便采取针对性措施，确保安全生产。

（5）连续性检查。主要对新设备、新工艺的使用，新工作面投产，火区启封，新建或改建工程等，新的不安全因素的不间断检查，也包括对事故多发区域或工种进行的蹲点检查。这种连续性检查的目的就是随时发现问题，随时解决问题。

三、安全检查作业的方法

安全检查作业常用的方法有以下几种：

（1）实地观察。深入现场，凭直感和经验进行实地观察。如看、听、嗅、摸、查的方法，看一看外观变化，听一听设备运转是否有异常，嗅一嗅有无泄漏和有毒气体放出，摸一摸设备温度有无升高，查一查危害因素。

（2）汇报会。上级检查下级，往往在检查前先听取下级自检情况的汇报，提出问题，安排解决；或者检查完一个单位开一个通报会，要求被检查单位对检查出来的问题限期解决。

（3）座谈会。在进行内容单一的小型安全检查时，往往以开座谈会的方法，同有关人员座谈讨论某项工作或工程的经验和教训。

（4）调查会。在进行安全动态调查和事故调查时，往往把有关人员和知情者召集到一起，逐项调查分析，提出措施对策。

（5）个别访问。在调查或检查某个系统的隐患时，为了便于技术分析和找出规律，了解以往的生产运行情况，需要访问有经验的实际操作人员，便采取走访方式，使调查和检查工作得到真实情况及正确结论。

（6）查阅资料。检查工作要做深、做细，便于对比、考查、统计、分析，在检查中必须查阅有关资料，表扬好的，批评差的，实施检查职能。

（7）抽查考试和提问。为了检查企业的安全工作、职工素质、管理水平，可采取对职工个别提问、部分抽查和全面考试，检验其真实情况和水平。

四、安全检查作业的检查重点

（1）查安全生产教育培训情况。煤矿企业应当对从业人员进行安全生产教育、培训，未经安全生产教育培训的，不得上岗作业；特种作业人员必须取得操作资格证书，未取得资格证书的，不得任职或者上岗作业。

（2）查采掘作业规程的落实情况。即检查采掘作业规程贯彻是否认真，作业中是否认真执行。

（3）查操作规程执行情况。即检查生产过程中有无违反操作规程、操作方法的行为；是否按规定穿戴劳动保护用品；有无在禁烟区域吸烟现象；有无在施工中违反规定和禁令等。

（4）查管理。即区队班组安全目标管理是否落实，安全管理工作是否做到了制度化、规范化、标准化和经常化；安全管理制度是否落实，生产岗位上有无脱岗、串岗、打盹睡觉等现象。

（5）查隐患。即检查作业环境、生产设备和相应的安全设施是否符合有关规定。如采掘工作面的支护情况，矿井"一通三防"情况，采掘工作面安全出口是否畅通，机电设备的防爆、防漏电是否符合要求；特别是重点部位和重点设备，如主要通风机房、爆破器材库、变配电所、压风机房、锅炉房、绞车房等，都要认真检查。

第二章　采煤工作面安全检查

第一节　采区系统的安全检查要求及方法

在煤矿生产过程中，采区是各类事故多发地带，因此，采煤作业是煤矿安全检查工作的重点之一。采区系统安全检查的重点：一是检查采区系统是否完备、安全可靠；二是生产技术资料是否齐全，且符合规定。采区系统安全检查的具体内容如下。

一、生产技术资料的检查

（1）检查采区是否有能够准确反映所采煤层赋存状况的等高线图。

（2）检查采区是否有反映所采煤层夹石，断层构造，顶底板岩性的地质剖面图。

（3）检查采区是否有反映所采煤层水文地质，瓦斯涌出量的煤层柱状图。

（4）检查采区是否有规范的采掘工程平面图。

（5）检查采区是否有符合实际的工作面衔接方案。

（6）检查采区是否有矿压预测预报资料。

（7）检查采区是否有断层的预测预报资料。

（8）检查采区作业区域人员对地质状态的了解情况。

二、采区设计的检查

（1）检查每一采区是否有完整的设计说明书。

（2）检查设计说明书是否经有关部门批准。

（3）检查设计说明书内容是否齐全、规范。

（4）检查采区布置是否符合设计说明书的要求。

（5）检查设计说明书是否贯彻。

三、采煤工作面作业规程的安全检查

（1）检查采煤工作面是否有符合工作面实际情况的作业规程。

（2）检查作业规程内容是否齐全。

（3）检查作业规程是否经过审批。

（4）检查是否沿用或套用旧的作业规程。

（5）检查作业规程是否传达贯彻。

（6）检查作业人员是否针对作业规程进行考试，并且合格上岗。

四、采区系统的其他安全检查

（1）检查采区各工作面衔接方案是否合理，有无采掘比例失调现象。

（2）检查采区采煤、运输、通风、供电、通信等系统是否健全。

（3）检查装车点车场范围内，巷道两侧人行道的宽度是否符合要求。

（4）检查绞车安装是否合理、稳固，信号、钢丝绳是否符合要求。

（5）检查煤仓卡堵是否有可行的安全措施，爆破处理时是否有专门措施。

（6）检查装车点是否有防尘、减尘措施。

（7）检查采区瓦斯检测仪是否齐全、位置是否合理。

（8）检查隔爆棚位置是否合理，隔爆装置是否完好。

（9）检查采区电缆、水管敷设是否合理。

（10）检查采区、采煤工作面是否具备 2 个以上畅通无阻的安全出口。

第二节　综采工作面的安全检查要求及方法

综采工作面在安全方面最容易出现问题的地方是采煤机、液压支架的安全使用，以及上下安全出口的安全，工作面冒顶片帮等。当然，防止瓦斯、煤尘事故也是安全检查的重点。

一、工作面支护的安全检查

（1）检查支架是否排成直线，支架排列偏差不应超过 ±50 mm；中心距是否符合作业规程规定，中心距偏差不应超过 ±100 mm；相邻支架间是否存在明显错差，错差不应超过顶梁侧护板高的 2/3。

（2）支架架设要与底板垂直、不得超高，与顶板接触要严密、迎山有力、不许空顶。

（3）支架是否完好，无漏液、不窜液、不失效，架内无浮煤、浮矸堆积。

（4）支架是否采用编号管理，牌号是否清晰。

二、工作面回风巷及运输巷的安全检查

（1）检查巷道断面和人行道宽度是否符合作业规程的要求

（2）巷道支护是否完整，有无断梁折柱或空帮空顶。

（3）工作面运输巷中横跨带式输送机或刮板输送机时是否有过桥。

（4）巷道有无积水、杂物、浮煤或浮矸，材料设备是否码放整齐，并有标志牌。

三、安全出口的检查

（1）是否按作业规程规定进行了超前支护；安全出口 20 m 及影响范围内支架是否完整无缺，并有超前支护，巷道高度是否不低于 1.8 m。

（2）是否按作业规程规定采取支架防滑防倒措施，倾角超过 15°时，排头支架是否安装防倒千斤顶，并经常保持拉紧状态；倾角大的工作面下部端头需架设木垛，以支撑第一架支架防止下滑。

四、采煤作业的安全检查

（1）司机是否经过培训，有无司机证。

（2）采煤机上是否装有能停止工作面刮板运输机运行的闭锁装置。

（3）冷却水的压力、流量和喷雾是否达到要求。

（4）截割滚筒上截齿有无缺损。

（5）采煤机上的控制按钮是否设在靠采空区一侧，是否有保护罩。

（6）更换截齿和滚筒上下 3 m 以内有人工作时，是否有护帮护顶、切断电源、闭锁工作面输送机。

（7）采煤机是否安装内外喷雾，割煤时是否洒水降尘，内、外喷雾压力是否符合规定。

（8）采煤机运行时，牵引速度是否符合规定。

（9）采煤机割煤时，顶底板是否割的平整，油泵工作压力是否保持在规定范围内。

（10）采煤机停机后，速度控制、机头离合器、电气隔离开关是否已打在断开位置，供水管路是否完全关闭。

（11）采煤机是否被用作牵引或推顶设备。

（12）工作面倾角在15°以上是否有可靠的防滑装置。

五、液压支架移架的安全检查

（1）检查移架前是否整理好架前推移空间，清除架间杂物和顶梁上冒落的坚硬岩块。

（2）倾斜煤层中的移架顺序是否坚持由下而上。

（3）移架操作时，是否保持支架中心距相等和移架步距相等；是否追机作业，滞后采煤机后滚筒4~8架；移架工是否站在架箱内，面向煤壁操作；升架是否有足够初撑力，与顶板接触是否严密。

（4）移架前支架是否前后窜动，频繁升降。

（5）移架区内是否有人作业、停留或穿越。

（6）移架是否一次移好，有无随意升降支架现象；架间空隙是否背严，有无漏矸或采空区矸石窜入支架底部。

（7）移架完成后，操作手柄是否打到零位，并关闭截止阀。

六、推移刮板输送机的安全检查

（1）检查是否严格掌握刮板输送机的"平直"推移机原则。

（2）推移刮板输送机距离是否满足要求，是否出现陡弯。

（3）每次是否推移一个步距，上下机头是否不落后，也不超前。

（4）推移上下机头时，是否将机头和过渡槽处的杂物清理干净，机头是否飘起。

七、工作面生产设备的安全检查

（1）液压泵站的检查。检查泵体是否安放平稳，零部件完好无缺，密封良好，运行可靠；压力表准确可靠，误差不超过±0.1 MPa；高低压过滤器、乳化器安装完好，性能可靠，油箱蓄压器不漏液，压力符合规定；浮化液清洁，无析皂现象，配制浓度控制在3%~5%；运行曲轴温度不高于75 ℃，油量适当，泵体温度不高于60 ℃；电动机运转声音是否正常，保护装置是否符合防爆要求；运转日志是否填写清楚。

（2）输送机和转载机的检查。检查螺栓及其他连接零件是否齐全、完整、紧固；电动机运转是否正常，风翅、护罩是否齐全无损，符合防爆要求；中部槽铺设是否平、直、稳，不咬链、不跳链，刮板不短缺，中部槽无严重变形；液压联轴节的易熔保护塞及易破保护盘是否齐全无损；铲煤板、挡煤板和电缆架有无严重变形；机头、机尾有无杂物；注油嘴是否完好畅通。

（3）带式输送机的检查。检查螺栓、销子是否齐全、紧固；电动机运转是否正常，温升是否超过60℃；液压联轴节的易熔合金塞保护是否齐全无损，不漏液，液量符合规定；油嘴是否完好、畅通；输送带及接头有无撕裂，卡扣排列是否均匀、紧固，滚筒及上下托轮是否齐全，运转有无异音，密封、润滑是否良好；输送带有无跑偏，张紧是否适当；机头、机尾两侧有无块煤、杂物。

（4）移动变电站和高低压开关的检查。检查零部件是否齐全完整，连接紧固可靠；高低压防爆腔清洁，高低压套管无破损、裂纹及放电痕迹；电气、机械闭锁机构齐全、接地完整、动作灵敏可靠；电气仪表指示准确，仪表玻璃无破损，表面清洁；标志牌标明容量、用途、整定值；设备外壳无严重变形及大面积脱漆现象，设备整洁，周围无淋水及杂物；有无完整的电气系统图和检修记录，记录填写是否清楚。

（5）通信系统的检查。检查控制系统是否准确可靠，通话清晰；仪表指示是否准确，表面清晰；防爆腔及防爆面清洁，防爆面无锈蚀和机械伤痕，光洁度及间隙符合有关规定；环境清洁，周围无杂物。

（6）电缆的检查。检查电缆敷设有无"鸡爪子""羊尾巴"、明接头和严重护套损伤现象；电缆悬挂整齐，符合规定；插销无裂痕，防爆面无锈蚀，零件齐全，联结紧固；动力电缆和控制电缆应用铁质标志牌将有关事项标明清楚。

八、工作面管理的安全检查

（1）检查有无经上级批准的工作面设计和作业规程，并有效地贯彻执行。

（2）工作面有无施工图板。

（3）有无坚持支护质量和顶板动态检测。

（4）是否执行开工牌制度和特殊工种持证上岗制度。

第三节　机采工作面的安全检查要求及方法

机采工作面与综采工作面相比，机采工作面装备水平较低，支护强度较小，容易发生顶板事故。因此，工作面支护、上下安全出口、回柱放顶等是机采工作面安全检查的重点。

一、工作面支护的安全检查

（1）检查柱距、排距是否符合作业规程规定，呈一条直线，支架架设偏差

不应超过 ± 100 mm。

（2）顶梁铰接率是否大于90%，是否出现连接不铰接，机道与放顶线是否配足水平楔。

（3）支柱初撑力、迎山、棚梁、背板、柱鞋、柱窝是否符合作业规程规定。

（4）是否存在失效柱、梁和空载支柱，不同型号支柱是否混用。

（5）是否按作业规程及时架设密集支柱或木棚木垛，其数量、位置是否符合规定。

（6）支柱是否全部编号管理，并做到牌号清晰。

二、工作面回风巷及运输巷的安全检查

（1）检查巷道断面是否符合作业规程要求，高度不小于1.8 m。

（2）巷道支护是否完整，无断梁折柱，无空帮空顶，架间撑木齐全。

（3）机电设备是否上架进壁龛，电缆悬挂是否整齐。

（4）巷道有无积水、杂物、浮煤；材料码放是否整齐，并有标志牌。

三、安全出口的安全检查

（1）检查安全出口20 m及压力影响范围内支架是否整齐，并有符合规定的超前支护。

（2）有无符合规定的端头支护，端头对梁距工作面第一架支架的距离不应超过0.7 m。

（3）巷道高度是否不低于1.6 m，人行道宽度不低于0.8 m。

（4）采空区侧或煤壁侧是否有大于0.6 m、不低于工作面采高90%的人行通道。

（5）安全出口处煤壁是否至少超前一刀，斜长不小于2.0 m。

四、采煤作业的安全检查

（1）检查采煤机状态能否满足安全生产的要求。

（2）采煤机运转时牵引速度是否符合规定，运行是否平稳，底板是否割平。

（3）采煤机工作时液压油泵的工作压力是否保持在规定的范围内。

（4）采煤机停机后，速度控制、离合器、隔离开关是否打在断开位置，并完全关闭水管。

（5）采煤机是否被用作牵引或推顶设备。

五、煤壁与机道支护的安全检查

（1）检查煤壁是否平直，并与底板垂直。

（2）是否出现超过规定的控顶距。

（3）一次采全高时是否见顶。

（4）是否按作业规程要求及时架设齐全的贴帮点柱。

（5）悬臂梁是否到位，端面距小于 300 mm，梁端是否接顶，挂梁及时。

（6）臂梁支柱支设是否及时，在 15 m 内支柱与放顶是否不平行作业，改临时柱时是否做到先支后回。

六、顶板管理的安全检查

（1）检查是否执行"敲帮问顶"制度。

（2）工作面是否执行开工牌和特殊工种持证上岗制度。

（3）工作面是否坚持支护质量和顶板动态监测。

（4）工作面有无施工图板。

【案例】某矿"5·8"较大顶板事故。2006 年 5 月 8 日 20 时 50 分，某矿 616 采煤工作面发生一起较大顶板事故，造成 3 人死亡，2 人受伤，直接经济损失 90.19 万元。

（1）事故经过。2006 年 5 月 8 日四点班，采煤队队长主持召开了班前会，安排 616 采煤工作面正常生产，采煤长度安排 12 节运输机槽。随后副队长带领 17 名当班工人入井开始工作，其中工作面内 10 人，外围 7 人。19 时 30 分左右采煤结束，开始回收放顶。放顶工作 2 人一组，分 5 组同时作业。在运输机头方向第二组作业的张某和孙某打完 3 个挑顶炮眼（中间的 1 个炮眼因打透顶板空隙未装药）后准备爆破，副队长兼爆破工陈某安排张某和孙某分别到入、回风方向设警戒。20 时 50 分左右，陈某在工作面人员没有撤到安全地点的情况下，便爆破，随即工作面机尾 22 m 长度范围发生大面积冒顶。顶板沿工作面方向整体切顶下沉冒落，将工作面 4 排支柱中靠近采空区侧的 3 排全部压垮，当时尚未撤到安全地点的 5 人被压埋在冒顶区下面。陈某检查完冒顶情况后，用附近电话向值班的采煤队长进行了汇报。

（2）事故直接原因。采煤工作面回收放顶和强制爆破放顶同时作业，在回收作业人员没有撤出工作面的情况下，爆破工违章进行强制放顶爆破，引起顶板大面积冒落，将人员压埋，导致事故发生。

（3）事故间接原因。

①监管部门职责不清，监管不到位。各级监察、上级监管部门提出的爆破安全等问题，对责令整改的工作没有督促检查落实，没有很好地发挥监管部门的作用。

②该矿安全生产工作管理混乱，安全管理机构不健全，安全检查工配备不足。

③对工人的安全教育不够，造成工人安全思想意识淡薄，爆破工在工作面尚未撤离的情况下违章爆破。

④当班安全检查工现场安全检查不细致，巡查不到位，没有对顶板进行重点检查。对顶板支护强度不足等安全隐患没有及时发现。

⑤摩擦支柱不按规定定期检修和做压力试验。

⑥不按照《煤矿安全规程》和作业规程进行作业。

（4）防范措施。

①采煤工作面局部地质条件发生变化时，及时修改作业规程或补充安全措施。

②采煤工作面中部至回风巷煤层变厚，伪顶泥岩脱落，煤层厚度达到2.0～2.3 m，工作面使用的金属摩擦支柱最大高度为2.3 m，为此应及时调整采高，提高支柱初撑力，增加支柱的稳定性和支护强度。

③采煤工作面按正规循环作业。根据出勤情况，安排推进段，推进多少回收多少。严禁违规安排多头同时回柱，致使顶板活动加剧。

④现场应加强动态安全管理，矿安全生产管理人员应认真执行带班制度，在井下全过程指挥生产。

第四节　炮采工作面的安全检查要求及方法

炮采工作面生产时容易出现的问题是冒顶、片帮和爆破事故。因此，炮采工作面安全检查的重点是工作面支护与顶板管理、安全出口、放顶安全作业和爆破安全作业等。

一、工作面支护的安全检查

（1）检查工作面支柱布置是否符合作业规程规定，支柱要呈一条直线，中心距偏差不超过±100 mm。

（2）支柱初撑力、迎山、棚梁、背板、柱鞋、柱窝是否符合作业规程规定。

（3）是否存在失效柱、梁和空载支柱。

（4）梁腿搭接是否牢固，顶梁铰接率是否大于 90%，是否有顶梁连续不铰接现象。

（5）是否按作业规程要求及时架设密集支柱或木棚木垛。

（6）是否存在不同型号支柱混用问题。

（7）支柱是否全部编号管理，并做到牌号清晰。

二、上下顺槽的安全检查

（1）检查巷道断面是否符合作业规程的要求，巷道净高是否低于 1.6 m。

（2）巷道支护是否完整可靠，有无断梁、折柱、空顶。

（3）机电设备是否上架进壁龛，电缆悬挂是否整齐。

（4）巷道有无积水、浮渣、杂物。

（5）材料、设备码放是否整齐，并有标志牌。

三、安全出口的安全检查

（1）检查顺槽至煤壁线 20 m 及压力影响范围内支架是否完整。

（2）是否按作业规程规定进行超前支护。

（3）巷道高度是否不低于 1.6 m。

（4）有无不符合作业规程规定的端头对梁。

（5）工作面有无超过 0.8 m 宽的人行通道。

（6）超前工作面煤层开采的距离是否符合《煤矿安全规程》规定。

四、煤壁及巷道支护的安全检查

（1）检查煤壁是否平直，并与底板垂直。

（2）是否存在超过规定的伞檐。

（3）悬臂梁是否到位，端面距小于 300 mm，梁端是否接顶，挂梁及时。

（4）贴帮点柱是否按作业规程要求架设及时、齐全。

（5）悬臂梁支柱架设是否及时，改临时柱是否做到先支后回。

五、顶板管理的安全检查

（1）是否执行"敲帮问顶"制度。

（2）顶、底板移近量是否小于每米采高 100 mm。

（3）是否出现台阶下沉。

（4）出现冒落时是否采取接实顶板的措施。

六、工作面爆破的安全检查

（1）是否按作业规程规定布孔、钻孔。

（2）是否按规定装药量和装药方法装药，装药前是否清除炮眼内的煤粉。

（3）是否按规定使用炮泥封孔，不装空心炮，并使用水炮泥。

（4）是否坚持一组装药一次起爆、"一炮三检"制和"三人连锁爆破"制度。

（5）雷管、炸药是否分开存放，并且上锁。

（6）残余爆炸物品的处理是否按《煤矿安全规程》规定处理。

（7）雷管、炸药是否账物相符，领退有记录，并有签字。

七、工作面设备的安全检查

（1）检查突出矿井是否使用煤电钻，低瓦斯矿井、高瓦斯矿井的煤电钻是否有综合保护。

（2）刮板输送机铺设是否平稳，接头是否严密。

（3）工作面小绞车是否有四压、二线和地锚，钢丝绳磨损是否超限。

（4）电缆架设是否牢靠安全。

第五节　采煤系统特殊条件下的安全检查要求及方法

一、工作面过断层的安全检查

断层附近由于顶板比较破碎，工作面过断层时容易发生事故，必须采取一些特殊措施。因此，对其实施安全检查时要重点检查以下内容：

（1）过断层之前，是否弄清了断层的形状、性质、落差、围岩情况，以及导水性等。断层情况不清，不许工作面强行过断层。

（2）凡是决定强行过断层时，必须有经过上级批准的安全技术措施。

（3）工作面接近断层时，尽量缩小断层的暴露面积，并制定防止破碎带冒落及支架防倒措施；过断层时要根据具体情况，改变支护形式；严格控制采高；严格工程质量；断层带处应与整个工作面同时平行推进，不得滞后；断层带附近煤壁严重片帮，顶板暴露面大时，应采取超前支护措施。

二、工作面过旧巷的安全检查

由于旧巷周围的岩层已有不同程度的破坏，工作面通过时压力增大，顶板往往难以维护，如不及时采取有效措施，极有可能造成重大顶板事故。因此，工作面通过旧巷时应重点检查以下内容：

（1）过旧巷前是否已准确掌握了旧巷位置、断面形状及围岩情况。

（2）过旧巷时准备工作是否做到：检查瓦斯情况，排放积聚瓦斯；提前修复旧巷，在巷道内架设一梁二柱或一梁三柱的抬棚；不论通过平行于工作面，还是垂直于工作面的老巷，均要提前 30～50 m 进行维护，避免工作面通过时压死支架。

（3）通过旧巷时是否做到：旧巷位置与工作面平行时，应提前将工作面调整成伪斜，使工作面与旧巷间形成一个三角带；旧巷位置与工作面垂直时，通过前应在旧巷中打好木垛，工作面通过时再将木垛撤出；旧巷上空有冒顶时，应用木料填实。

（4）通过穿层石门时，应加强维护，在顶板中的一段石门应用木垛填实、稳固。

三、采用水砂充填采煤法的安全检查

（1）砂门柱子是否打牢，顶底板要刨窝，柱距偏差、横撑或拉带的数量是否符合规定。

（2）砂门子是否钉牢，砂门帘子接顶接底后，长度是否超过 150 mm，帘子是否搭接，搭接宽度不小于 100 mm，杜绝跑砂。

（3）铺底板门子，浮煤是否扫净见底板，坡度与煤层倾角一致；是否由下往上铺帘子，上下帘子搭接不小于 200 mm，打牢压撑木，防止被水冲破。

（4）工作面半截门子要打牢立柱和接带，帘子窝底深不小于 300 mm，并与煤壁、砂门子搭接严密牢固。

（5）充填管子是否合格，不破漏、管口垫圈严密，打牢垫木和支撑木。

（6）充填是否充满接顶，脱水后充填面距顶板高度不得超过 200 mm，上三角最大垂高不得超过 0.1 m。

四、采煤工作面采空区处理检查

（1）放顶线以外的支架是否放倒撤净，控顶距离要符合作业规程规定。

（2）戗柱、戗棚、挡矸帘是否符合规定。

（3）悬顶距离超过规定的最大值顶板仍不冒落，是否进行强制放顶。

（4）回柱绞车和滑轮安装是否牢固，大绳钩头、绳套、信号和保护装置等是否完好齐全。

（5）人员是否进入采空区回料，人员的退路是否畅通无阻。

（6）支柱是否整齐、迎山有力；采煤机割煤后是否及时支护；遇有片帮危险时，应及时支设贴帮柱。

第六节　采煤工作面安装、撤除作业的安全检查要求及方法

一、采煤工作面安装、撤除一般检查

（1）检查工作面安装、撤除前是否有根据工作面设计和现场具体情况编制的作业规程或安全技术措施。并且作业规程或安全技术措施经审批后应及时向全体施工、管理人员详细传达、贯彻实施。

（2）检查作业规程或安全技术措施内容是否齐全。要求主要内容应包括：

①各种设备的安装、撤除数量及大型部件撤除需按标准提出的要求。

②设备安装、撤除顺序。

③设备运输路线和安装、撤除运输提升设备的布置情况及布置图。

④设备安装、撤除方法及标准要求。

⑤安装、撤除的安全技术措施。

⑥安装、撤除中的顶板管理措施等。

（3）检查是否建立健全工作面安装、撤除岗位责任制。要求工作面安装、撤除要明确主管职能部门及相关职能部门的职责范围和管理人员、技术人员、操作人员的职责、权限，并严格检查考核。

（4）检查参加工作面安装、撤除的特殊工种人员，是否经过专门培训，并经考试合格，持证上岗。

（5）检查是否编制年度工作面安装、撤除计划。是否纳入到矿井质量标准化建设管理，严格检查、考核、验收和奖惩。

（6）检查是否建立健全工作面安装、撤除工程档案。要求工程档案详细记录所有设备规格、数量、产品质量、来源、使用地点、验收人员、下井时间、撤除时间等具体情况。

二、设备装车时的安全检查

（1）检查装车前使用的车辆是否符合相应吨位。

（2）检查运送设备前，信号、通信等装置，是否完好、灵敏、可靠。

（3）检查运送设备前，轨道、钢丝绳、绞车的连接装置、钩头、安全设施等是否有问题。

（4）检查运送超高、超宽、超长设备是否有专门措施。

（5）检查起吊工具、吊挂装置和索具，要求必须有足够的安全系数，并有具体的起吊方法。

（6）检查起吊点，要求对起吊地点的支护状况进行全面检查。在井下利用棚梁或液压支架做承力点起吊设备时，要对棚梁进行加固，必要时对承力件进行计算，方可进行起吊。不得使用作为巷道支护的锚杆、锚索、金属网、钢带等作为起吊点。起吊时要有专人负责指挥，并规定统一起吊信号。

（7）检查设备是否捆缚稳固。要求找好被起吊件重心，以防脱扣和倾倒。起吊形状不规则物体或大型设备要采取多点起吊方法。吊索的转折处与设备接触的部位，应垫以软质垫料，以防设备和吊索损坏。设备上滑动的部件应予以固定，以防滑动后碰撞。

（8）检查起吊的过程是否安全。要求开始起吊时，先慢慢拉紧，观察各处，确认无误后，再行起吊。起吊过程中要均匀慢提，防止设备打滑突然落下。起吊时要有专人指挥，专人观察顶板、起吊梁，操作人员应站在支护完好，设备、吊梁滑落波及不到的安全地点，其他人员要躲到安全地带。吊装设备时，禁止任何人在设备下面及受力索具附近通行和停留，并不得将手、脚伸到可能被挤压的地方。设备在起吊过程中，无特殊情况不得中间停止作业，指挥人员和起吊机具的司机更不得离开岗位。确实需要中间停顿时，必须采取措施将起吊物下垫实、垫牢，防止歪倒。设备起吊就位后，应放置稳固，对重心高的设备，应先采取防止其摇动或倾倒的措施后，方可拆除起吊机具。

三、设备运输时的安全检查

（1）检查人力推车时是否安全。要求液压支架、机组部件等大件运输时，严禁人力推车。运送其他部件确需人力推车时1次只准推1辆车。同向推车的间距：在轨道坡度小于或等于5‰时，不得小于10 m；坡度大于5‰时，不得小于30 m。推车时必须时刻注意前方。在开始推车、停车、掉道、发现前方有人或有障碍物，从坡度较大的地方向下推车，以及接近道岔、弯道、巷道口、硐室出口时，推车人必须及时发出警号。巷道坡度大于 7‰时，严禁人力推车。

（2）检查绞车提升的安全性。要求绞车司机、信号把钩工每次上岗后，必须认真检查绞车的固定情况，制动闸、离合器、钢丝绳等完好情况及信号是否灵敏畅通。发现钢丝绳断丝、扭曲或变形严重，必须立即停止运输。

（3）所有提升运输线路必须坚持"行车不行人，行人不行车"制度。由信号把钩工进行安全确认，密切注意挡车器的开启关闭情况发现问题立即停车。

（4）要求绞车司机上岗后必须集中精力，听清信号，并回清信号，确认无误后方可启动绞车，严禁用晃灯、喊话、打电话等方式进行联系。绞车司机必须密切注意料车负载情况，发现严重受阻或钢丝绳受力突然增大或有掉道可能时立即停车，必须由上车场信号把钩工查明原因，严禁死拉硬拽。绞车运行时，严禁放飞车或不带电松车、放车。

（5）检查阻车器使用。要求提升运输线路上，必须按规定设置可靠的阻车器装置，阻车器除车辆通行外必须要处于常闭状态。

四、设备安装、撤除时的安全检查

（一）支架安装、撤除时的安全检查

1. 安装

（1）安装的支架要排成一条直线，偏差不超过 ±50 mm，中心距最大偏差不超过 ±100 mm。

（2）支架与顶底板及运输机垂直度，歪斜 $< ±5°$；支架顶梁与顶板平行支设，其最大仰俯角 $<7°$；相邻支架不能有明显错茬。

（3）支架仪表安装保证一条直线，方向要便于检查人员观察；架间照明电缆悬挂保证一条直线。

（4）工作面倾角 $>15°$ 时，支架安设防倒、防滑装置。

（5）支架（支柱）的有效支护高度与采高相符，严禁超高使用。

（6）支架编号管理，牌号清晰。

（7）单体液压支柱要打成直线，柱距、排距其偏差不超过 ±100 mm，做到不缺梁、不少柱。铰接顶梁铰接率 $>90\%$，铰接顶梁平直，接实顶板，顶梁端头呈一条线。

2. 撤除

（1）人员进入各工作地点之前，必须严格检查工作范围内的顶板支护情况，执行"敲帮问顶"制度、"先支后回"制度及"专人观察顶板"制度，接实顶背实帮，严禁空顶作业。

（2）支架撤除后，要严格按《煤矿安全规程》要求及时支护撤架空顶区，保证通风及行人通道畅通。

（二）刮板输送机安装、撤除时的安全检查

1. 安装

（1）使用绞车拖拉对接溜槽时，工作人员应闪开 5 m 以外进行观察，绳道内禁止有人，及时撤除碍事的柱子，必须先支后回。

（2）所有单体支柱达到初撑力，不窜液、漏液，并必须拴防倒链。

（3）对接溜槽时必须先清理安装溜槽位置的杂物、浮煤，找平底板。

（4）机头、机尾大部件对接时，吊挂要选择顶板完好处，并吊挂牢固，锁链必须拴牢，待重物稳定后，再利用导链、千斤顶等工具对接，对接时不要用手直接插入对接处，以防将手挤伤。

（5）拖拉刮板链时，人员不得站在溜槽上，多人操作时要相互照应好，号令一致。安装刮板链时，方向必须调正。

（6）安装完毕，必须将溜槽内的杂物清理干净，以防开机时弹出异物伤人。

2. 撤除

工作面刮板输送机大多数情况下是在工作面设备和采煤机拆除完后才进行拆除，放顶煤工作面应先撤除前部刮板输送机，前后部刮板输送机的拆除方法和程序基本相同，其方法和程序如下：

（1）刮板输送机断电，把输送机的刮板链断开，并撤除链条、刮板。

（2）拆除机头、机尾、电机减速箱、过渡槽、机头架、底座、电气部分，并装车运走。

（3）拆除挡煤板、支架拉移装置，与前部溜槽一起撤除。

（4）用慢速绞车从机头向机尾或从机尾向机头方向，依次将中部槽拖至装车位置，及时装车运走，小件集中装运。

（三）带式输送机安装、撤除时的安全检查

1. 安装

（1）安装带式输送机的巷道要平直，若巷道有起伏、偏差，则需在起伏处起底、挑顶，偏差处扩帮。

（2）带式输送机机头、机尾处根据巷道实际尺寸情况进行起底、挑顶及扩帮。

（3）在纵向方向上，机头、机尾滚筒宽度中心线及机身应呈一条直线，且机身要平直。

（4）在横向方向上，各滚筒轴线、机架及托辊轴应与带式输送机的中心线互相垂直。在横切面上支架与钢绳（纵梁）呈90°角，且支架横向水平。

（5）必须装设带式输送机综合保护装置，并具有跑偏、堆煤、烟雾、打滑、超温及自动洒水装置、急停等保护功能，卸载滚筒处要设有自动洒水装置。各种保护装置必须有专门的固定装置，固定可靠，杜绝铁丝捆绑和吊挂现象。

（6）输送带每隔50 m上下带各装设一组防跑偏装置，上下输送带防跑偏装置之间间距为2~3 m。特殊情况下可适当增加防跑偏装置。

（7）带式输送机机头应设有防护栏，机尾应设有防护罩，行人跨越处必须加设过桥。

（8）信号系统必须灵敏可靠。

（9）安装时各部件接合面要清洁干净，碰伤的接合面必须进行处理，相互之间不留间隙，不合格的零部件要及时更换。

（10）输送带松紧应适宜。各部位紧固件、连接件应齐全、牢固，各传动部位应灵活可靠。

2. 撤除

（1）清理干净撤除路线上的浮煤与杂物，为撤除提前造好条件。

（2）严禁随意截割、拆坏、磨损胶带。

（3）解体后对活动部分必须采取固定措施。

（4）油管、水管接头必须封堵包扎好方能装车上井，防止进入异物。

（5）各类销轴、螺栓及易损易丢失的小件应采取保护措施分别装入专用车落锁上井，以防丢失。

（6）各减速箱的外齿轮和主动滚筒齿轮套均用胶皮或麻袋包扎好，以防设备损坏。

（四）采煤机安装、撤除时的安全检查

1. 安装

（1）安装人员要认真学习并熟悉安装方法，严格执行工种岗位责任制。

（2）安装前必须由熟悉设备结构的专业人员对所有设备进行外观检查，确保零部件齐全、完整、紧固，把各开关手把置于"断开"位置并闭锁。

（3）安装时，要有专人指挥并检查，保证设备排列顺序和方向与现场实际需要相一致。

2. 撤除

（1）采煤机解体前，先将采煤机开至机头（尾）预定地点，做好拆除前的准备工作。

（2）根据井下运输条件，将采煤机解体为左滚筒、左摇臂、左行走部、中间段（电控箱、拖缆装置、调高泵站）、右行走部、右摇臂、右滚筒。

（3）拆除采煤机前，应提前对工作地点的顶板进行支护，控顶范围内液压支架要二次注液，达到初撑力，确保液压支架完好。

（4）解体后对裸露的接合面、管接头、电缆、操作手把、按钮必须采取保护措施，严禁碰、砸、撞伤。

（5）解体后对活动部分必须采取固定措施。在拆装滚筒过程中，采取可靠的安全措施，防止滚筒翻滚伤人。坡度较大时，必须采取有效的防滑措施。

（6）油管、水管接头必须封堵包扎好方能装车上井，防止进入异物。

（7）对连接件、零碎小件及其他贵重物品或易损易坏物品必须分类装专用车上锁后运输，由专人跟车以防丢失。

第三章　掘进工作面安全检查

第一节　井筒开凿安全检查要求及方法

一、井筒施工组织设计检查

（1）有经过批准的井筒施工组织设计。

（2）施工组织设计要以施工单位为主、设计单位参与，共同编制。

（3）内容齐全完整、符合有关规定。

（4）贯彻过程符合有关规定。

二、井筒表土施工检查

（1）立井井口临时锁口要确保井口稳定，封闭严实。

（2）开凿平硐、斜井和立井时，井口与坚硬岩层之间的井巷必须砌碹或者用混凝土砌（浇）筑，并向坚硬岩层内至少延深 5 m。

（3）在山坡下开凿斜井和平硐时，井口顶、侧必须构筑挡墙和防洪水沟。

（4）立井永久支护前应指派专人观测地面沉降和临时支护后面井帮的变化。

（5）有根据地形、水文地质制定的防排水措施。

三、井筒基岩施工检查

（1）立井井筒穿过冲积层、松软岩层或者煤层时，必须有专门措施。

（2）采用井圈或者其他临时支护时，临时支护必须安全可靠、紧靠工作面，并及时进行永久支护。

（3）挂圈背板临时支护时间不超过 1 个月，锚喷临时支护应短段掘进。

（4）永久支护是否符合质量标准。

（5）空帮距不大于 2 m，锚喷支护空帮距不大于 4 m 并有防片帮措施。

（6）爆破作业应有爆破图表。

（7）过断层时距破碎带 10 m 前应加强瓦斯和涌水的检查及探测工作。

（8）井壁出水时采取排水、堵水措施，建成后的井筒淋水量不超过 10 m³/h，永久井壁不存在涌水 0.5 m³/h 以上的集中喷水或泄水眼。

（9）施工期间永久井壁留设的卡子、梁等设施的外露长度不大于 50 mm，不需要的硐口、梁窝，应用不低于永久井壁强度的材料砌好。

第二节　巷道和硐室掘进施工安全检查要求及方法

一、巷道和硐室掘进施工一般规定的安全检查

（1）巷道和硐室掘进施工前，是否编制掘进作业规程，经批准后方可施工。

（2）采用平行作业时，平巷不得由里往外进行支护；超过 10° 的倾斜巷道，每段内不得由上向下进行永久支护（锚喷除外）；在倾斜巷道中施工，是否设有防止跑车和坠物的安全设施。

（3）采用掘进和支护单行作业时，在前一段的永久支护尚未完成时，不得继续掘进。在顶板压力特别大的地区或易风化、膨胀的软岩中，是否采取短掘短砌（喷）法施工。

（4）通过松软破碎地带的大断面巷道和硐室、独立施工的超前导硐，其长度不应超过 30 m。在特软岩层或破碎带中，采用两侧导硐法施工时，导硐长度不应超过 4 m。导硐的刷砌（喷）与掘进不得采用平行作业；如采用平行作业时，是否设有满足人员出入及通风的安全出口。

（5）在长距离巷道施工中，应设置躲避硐室，倾斜巷道每掘进 40 m，平巷根据施工需要，设一躲避硐室，硐室深度不小于 2 m，不大于 6 m。

（6）巷道掘进临时停工时，临时支护要紧跟工作面，并检查好巷道所有支护，保证复工时不致冒落。

（7）巷道掘进施工中，必须标设中线及腰线。用激光指示巷道掘进方向时，所用的中、腰线点不应少于 3 个，点间距离以大于 30 m 为宜；用经纬仪标设直线巷道的方向时，在顶板上应至少悬挂 3 条垂线，其间距一般不小于 2 m，垂线距掘进工作面一般不宜大于 30 m。标设巷道的坡度时，每隔 20 m 左右设置 3 对腰线标桩，其间距一般不小于 2 m。

（8）特种作业人员持证上岗。

（9）区队长跟班，坚持现场交接班。

（10）工作面瓦斯、煤尘不超限，通风连续可靠。

（11）施工现场有图板，各种检查、评比记录。

（12）现场整洁，无浮渣、淤泥、积水、杂物。

二、巷道和硐室掘进的安全检查

（1）巷道的掘进断面不得小于设计规定。其局部超高和每侧的局部超宽，不应大于设计规定150 mm（平均不应大于75 mm）。

（2）炮掘工作面是否有根据巷道规格、岩石性质编制的爆破说明书。

（3）在掘进工作面打眼前，应找净顶板两帮的浮石。打底眼是否带货打眼。最外圈炮眼位置必须与设计毛断面保持相当距离，一般为100~250 mm。

（4）掘进工作面距煤层5 m时应打探眼，探清煤层和瓦斯涌出情况，探眼深度超前炮眼深度800 mm以上，探眼数量大于2个。如果发现瓦斯大量泄出或有其他异常情况时，应及时报告矿调度。

（5）对掘岩石巷道相距20 m时，要停止一头掘进（用爆破方法），距贯通地点5 m时，开始打探眼，探眼深度要超前炮眼深度0.6~0.8 m。

（6）掘进工作面与旧巷贯通时，对方巷道要给上中心。相距10 m贯通时，爆破前由班（组）长指派警戒员到所有通向贯通地点的道口进行警戒，双方要规定好联系信号，不得到通知不准擅自离开警戒区。距贯通点5 m时，开始打探眼。

（7）严格执行防尘措施，凡是岩石掘进工作面一律执行水打眼、装岩洒水、严禁干打眼。

（8）工作面是否有装药与打眼平行作业情况，装药要指定专人负责，其他无关人员不准装药。炮眼装药后，剩余的空隙要全部用水炮泥和黄泥封满。

（9）爆破母线是否用固定母线，母线是否悬挂，母线是否与钢轨、管子、风筒、电缆、电线等靠近。爆破地点距工作面距离是否符合作业规程规定。

（10）爆破是否执行"一炮三检"制和"三人连锁爆破"制度。

（11）掘进工作面是否放糊炮。

【案例】某矿"1·12"爆破事故。2006年1月12日白班，某矿项目部职工马某在三矿区1300 m水平回风道进行打炮眼过程中，打到残余爆炸物品，引起爆炸，导致马某死亡，同班焦某脸部炸伤。

（1）事故经过。2006年1月12日白班，该矿项目部职工马某等3人到三矿区1300 m水平回风道进行开拓掘进作业。上午他们进行喷浆作业。14时左右，班长马某开机，焦某协助，开始打眼。17时，当他们打底部眼时，突然一声巨响，掌子面发生爆炸，将马某炸倒在掌子头，头部被炸落的石块埋住，焦某的脸部也被炸伤。相邻的三矿区职工听到爆炸声，立即协助抢救，并将伤者送往医院，经检查确认马某已经死亡。

（2）事故直接原因。

①安全检查工、班长在作业前未对作业现场进行认真安全检查，没有发现掌子面留存的残余爆炸物品，在打下部眼时使残余爆炸物品爆炸，是造成事故的直接原因。

②上一班爆破工苟某在放完炮后，未履行爆后检查和交班职责，致使拒爆隐患遗留到下一班，是造成事故的重要原因。

（3）事故间接原因。

①作业人员安全意识差，对前三天该作业面因拒爆未检查处理而受到项目部处罚的通报未引起重视，未认真进行交接班工作。

②项目部生产安全管理人员对现场缺乏监督检查，未能及时发现违章行为，以致作业人员未严格执行交接班制、班前检查确认制、拒爆处理等制度。

（4）防范措施。

①进一步加强安全技术操作规程的学习教育工作，以此次事故血的教训为实例，重点学习爆破工安全技术操作规程，使每个员工明白处理拒爆的有关程序、规定及处理方法，防止类似事故再次发生。

②向全体职工通报事故经过及原因分析结果，大力宣传不仔细检查拒爆带来的恶果和危害性，教育职工牢固树立检查处理拒爆的自觉性，把"我要安全"的思想落到实处。

③提高安全检查工的责任意识，发挥安全检查工的作用。

三、装车、运输的安全检查

（1）超过400 mm长的大块矸石必须经过破碎后方准装车。经过斜井的矸石车装车高度不准超过车沿。

（2）装岩机停止运转检修时，要用木头、石头等物品垫簸箕，用铁插销卡位或放到底板上停电修理。装岩机电缆要指定专人看管，防止压坏。工作面的各种机械要指定专人开动，不准乱动。

（3）推车经过弯道、道岔口、下坡道、风门等地点时要大声喊话，并注意不要将手伸出车外边。推车要往前看，防止碰人。

（4）暗斜井上部是否有设挡车器（指没有甩车场的暗斜井），并经常检查，保证安全行车。

（5）倾斜巷道上下山掘进，要搭好牢固的刮板输送机口和刮板输送机道，并经常进行检查，人员上下要取得联系，必要时倾斜巷道、刮板输送机口和刮板输送机道要搭盖板。使用绞车提升时，要用铁楔子固定好导向轮。

（6）上下山掘进使用耙矿绞车，一定要搭好牢固的平台和耙矿绞车口，耙矿绞车开动时禁止人员上下；需要通过人员时，必须用信号取得联系，待耙矿绞车停止后方可通过。

四、巷道支护的安全检查

（一）架棚支护检查

1. 检查程序

找柱窝—立棚腿—支棚梁—刹帮顶—打撑木—打楔子。

2. 检查要求

（1）掘进与支护单行作业，前段永久支架尚未完成时不得继续掘进。

（2）坑木直径符合设计要求。

（3）金属支架零件齐全。

（4）平巷支架垂直底板。

（5）斜巷支架有足够的迎山。

（6）横梁垂直巷道中心线，两端保持水平。

（7）棚梁接口严实合缝，背板、撑木、拉杆布置符合设计，刹紧背牢。

3. 检查内容

（1）掘进工作面临时支架和永久支架必须使用前探铁刹杆护顶，前探距离不得超过 1 架棚距，后面要别在 2 架棚梁上。锚喷巷道要采用吊环前探梁端头临时支护，严禁空顶作业。

（2）临时支护距工作面的距离一般不大于 2 m，锚喷巷道不大于 3～4 m，软岩层应紧跟工作面。

（3）倾斜巷道的棚子必须保持足够的迎山角，棚子间用铁丝联系好，每架棚要打好劲木和扣木，以防棚子推倒。

（4）斜巷掘进工作面上方要设牢固的安全挡板。距工作面上方 20 m 处，要设安全栏遮挡。

（二）砌碹支护检查

1. 检查程序

地槽—模板—砌墙—砌拱—回填。

2. 检查要求

（1）砌体厚度符合设计，局部不小于设计 30 mm 且连续长度不超过 1 m。

（2）砌块和砂浆强度符合设计要求。

（3）砌体壁后是否充实填满、灰缝饱满。

3. 检查内容

（1）砌碹用的碹胎，使用前要进行检查挑选，每架碹胎组立完后，至少要打 3 个压顶楔子，跨度超过 5 m 的巷道砌碹拱时，碹内必须打上顶子，防止碹胎变形或塌落。

（2）碹体和顶帮之间必须用不燃物充满充实。

（3）砌碹翻棚应先检查施工地点前后巷道的顶板压力情况和棚子质量情况，并将翻棚附近的棚子进行加固；斜巷要打好顶子或补齐劲木，用铁丝联系好。

（4）砌碹翻棚空顶距离：顶板岩石坚硬、无浮石时，最大不超过 5 m，一般为 2 m；顶板压力大、浮石较多，每次只准翻 1 架砌 1 m。翻棚后要进行找顶，顶板不好时，要采取临时挑顶办法护顶。

（5）大断面巷道施工必须架设牢固的脚手架，脚手架上面不准存放过多的材料。

（6）在交叉点施工时，木支架巷道中的支巷开口处架设台棚后才能进行支巷掘进。交叉点与其背后岩层间的空隙必须用混凝土充填严实，如空隙超过 250 mm，允许用坚硬的毛石充填并用砂浆灌碹。

（三）锚喷支护检查

1. 检查程序

钻锚杆眼—安装锚杆—清洗岩帮—喷砂浆（混凝土）—养护。

2. 检查要求

（1）锚杆规格、强度、间距符合设计要求。

（2）喷浆强度符合设计要求，喷层厚度不低于设计值的 90%。

（3）喷浆前清洗岩帮、清理浮矸，喷浆后无露筋、干裂。

3. 检查内容

（1）锚喷眼的方向要与岩层面或主要裂隙面垂直，当岩层与裂隙面不明显时，可与周边轮廓垂直。

（2）锚杆眼的孔径、深度、间距及布置形式要符合设计要求。

（3）锚杆安装前，要先用压风清煤，托板应紧贴岩石，接触不严时，必须用水泥砂浆填实，不准用木材、石块等材料垫上。

（4）砂浆终凝或树脂固化前不得碰撞杆体。

（5）钢筋网要随岩石铺设，间隙不应小于 30 mm。

（6）钢筋网与锚杆要连接绑扎牢靠。

（7）在松软、膨胀性岩层中进行锚喷支护时，喷射前不得用水冲洗岩石。

（8）在过断层、破碎带、冒顶区进行锚喷支护时，应打超前锚杆护顶。

（9）在围岩有淋水、滴水的情况下，锚喷作业前要先做好防治水工作。

第三节　巷道维修安全检查要求及方法

一、巷道维修顶板管理的安全检查

（1）凡裸岩巷道完好的顶板，不得任意破坏。

（2）巷道顶板完好，整体性能强，岩质密实的静压巷道棚距最大限度为 1.2 m（特别坚硬时不架棚）。顶板破碎、有活石的静压巷道或无活石的动压巷道棚距最大为 1.2 m。

（3）翻棚时必须由班（组）长和安全检查工进行"敲帮问顶"。

（4）撬落活石应从顶板完整的地方开始，以保证工作人员的安全。在撬落活石时，一人操作，另一人在后面放安全监视哨，禁止行人通过撬顶危险区。

（5）顶板完好、岩质坚硬、整体性强、节理与层理不发达的静压巷道，可以采取锚杆支护。

（6）打锚杆眼前，必须先找落浮石，然后开机钻眼；有棚巷道打锚杆要翻 1 架打 1 m，或先打眼后翻棚。

二、支架拆换的安全检查

（1）拆换支架一定从顶板好的地点开始，不得大拆大换。翻棚前要加固工作地点的支架；遇有顶板破碎，应超前挑顶，事后翻棚。

（2）凡独头巷道，一定从外向里拆换，不得由里向外进行。贯通巷道要顺风逐架拆换。

（3）倾斜巷道拆换支架，要由上至下进行拆换。在拆换前必须增加下面支架劲木和打好顶柱，防止支架推倒。

（4）拆换棚时，在一架未完成之前，不得中止工作，应该连续进行；如果不能连续进行施工，每次工作结束后，必须接顶封帮。

（5）对头巷道维修拆换，在两头相距 5 m 时，要停止一头作业，以免造成压力集中发生冒顶。

（6）拆换支架时，施工前应安全可靠地保护施工地点的设备、电缆、电线、管路等，并盖好水沟。

（7）拆换支架时，一定要打牢固的脚手架，禁止用管子和矿车当脚手架。

（8）上下山拆换支架前要在距工作地点下面 5～10 m 处分别设 2～3 处挡板，防止滑落岩石打伤下面的工作人员或检查人员。

（9）拆换支架遇有棚顶上有木垛时，要先用长杆托好木垛后再翻棚。

三、巷道维修开帮破砌碹的安全检查

（1）开帮长度可根据顶板和两帮岩石性质确定，一般较稳定的岩石每次开帮长度不超过 3 m（用爆破开帮）；顶板压力大，活石多，禁止采用爆破开帮。

（2）爆破开帮前要将周围设备保护好，对刚砌筑的碹要覆盖好，然后开始爆破。

（3）用风镐破碹时必须边破边背好帮顶。采取爆破破碹时，眼不能穿透碹壁。

（4）砌碹立胎要找好中心腰线，立胎要找正，做到平、直并打好压顶楔。

（5）如使用料石砌碹必须用三行板砌碹胎或铁碹胎，大断面超过 5 m 宽，巷道要打中心顶柱。

四、巷道维修推、装、卸及其他作业的安全检查

（1）推车过弯道、风门、道岔、下坡道等地点时，一律要进行安全喊话。

（2）卸车时先打眼后卸料，卸重物要喊号，2 人以上抬卸时，要搭配合适。

（3）在独头巷道或顶部有高冒处施工前，要找有关检查人员检查瓦斯。

（4）维修巷道需要爆破时，在装药前，首先检查周围设备维护情况和 20 m 以内瓦斯情况，认为安全后，方准爆破。

第四节　掘进系统特殊条件下的安全检查

一、冲击地压煤层中掘进的安全检查

（1）冲击危险区内的掘进必须始终在保护带内进行，保护带的宽度一般为 3.5 倍巷道高度。

（2）煤层应力高度集中时，必须进行解危处理，否则不得进行掘进工作。

（3）避免在支承压力峰值区掘进巷道，必要时应采取卸压措施并经矿总工程师批准。

（4）避免双巷同时掘进，必须双巷同时掘进时，两工作面的前后错距不得小于 50 m。

（5）相向掘进的巷道相距 30 m 时，必须停止一个头掘进。停掘的巷道要加固，继续掘进的巷道除加强支护外，冲击地压危险严重时，还必须采取解危措施。

【案例】某矿"7·29"冲击地压事故。2015 年 7 月 29 日 2 时 49 分，某矿 1305 工作面发生一起冲击地压事故，造成 3 人受伤（1 人重伤、2 人轻伤），事故造成直接经济损失 93.87 万元。

（1）事故直接原因。

①1305 工作面相邻的 1304、1306、1307 工作面已开采结束，致使 1305 工作面形成孤岛煤柱工作面。

②工作面埋深大，原岩应力高。

③煤层和顶板具有冲击倾向性，具备产生冲击地压的力源条件。1305 工作面在初采前调试导致了冲击地压事故的发生。

（2）事故间接原因。

①煤矿重生产、轻安全，安全第一的思想树立不牢。

②未严格按照公司批复的《冲击地压防治计划审查意见》的顺序采煤。

③在生产接续紧张的情况下，1307 工作面回采结束后立刻采 1305 综放工作面，对 1305 大埋深孤岛煤柱工作面发生冲击地压存有侥幸心理，进而冒险组织开采。

（3）防范措施。

①1305 工作面切眼评价为严重冲击危险，掘进切眼期间只在两端头各施工 30 m 范围卸压孔保护带，中间有 76 m 范围内未施工卸压钻孔，此范围内立即施工卸压钻孔。

②严格冲击地压数据监测。

二、煤与瓦斯突出危险煤层中掘进的安全检查

（1）在突出危险煤层中掘进时，必须有防突措施。

（2）严禁在突出危险煤层的顶分层中掘进和布置巷道。在突出煤层的顶底板围岩中掘进和布置巷道时，必须保持一定的岩柱，不得随意穿破岩柱，揭开岩盖。

（3）在突出危险煤层中掘进必须按照设计测量的中心线和腰线进行施工，不得任意拐弯和抬高，以免产生应力集中。

（4）在突出危险煤层中掘进时，严禁使用风镐落煤和用风钻打眼。

（5）必须采用远距离爆破的作业方式，必须制定专门措施，爆破地点必须

在工作面入风侧，距工作面的距离必须在措施中明确规定。

（6）煤层或顶底板松软，不能采取爆破作业时，只准使用手镐作业，并采用"做半面、背半面"的施工方法。

（7）上山掘进面同上部平巷贯通前，平巷必须超前贯通的位置。

（8）在突出危险煤层的同一水平、同一煤层的集中应力影响范围内，禁止布置两个工作面相向掘进。

（9）在突出危险煤层爆破时，必须实行一次装药一次起爆；只允许使用瞬发雷管和毫秒雷管。毫秒雷管不准跳段使用，最后一段的延期时间不得超过130 ms。严禁使用秒延期雷管。

（10）石门揭开突出危险煤层，要采取远距离爆破措施时，要编制专门的设计方案。

（11）在突出危险煤层中掘进时必须保证支架的质量，加密棚距，保证梁和腿的规格，严禁空帮空顶。

（12）在突出危险煤层中掘进时，所有作业人员必须随身佩戴隔离式自救器。工作面的掘进组长、队长、爆破工必须携带便携式瓦斯警报器，随时检查工作面的瓦斯变化情况。在工作面进风巷道内，必须设有直通矿调度的电话。

（13）突出危险煤层中的掘进工作面，必须安设瓦斯监测装置，在工作面5 m内和回风侧，必须安设监测传感器。瓦斯监测装置经常保持完好状态，灵敏准确。

（14）在突出危险煤层内掘进，掘进长度超过500 m时应设置避难硐室或可移式救生舱，避难硐室内设压风管路，经常供应压缩空气并有手轮随时可以开闭。

【案例】某矿"7·6"煤与瓦斯突出事故。2015年7月6日3时56分，某矿3314采煤工作面回风巷下部联络巷掘进工作面发生一起煤与瓦斯突出事故（突出瓦斯量11232 m³，煤量500 t），造成4人死亡，直接经济损失约1000万元。

（1）事故经过。2015年7月5日4点班21时许，3314下回联掘进工作面施工超前排放钻孔时，有大量煤渣排出，打钻过程中出现煤壁片帮、裂缝和瓦斯超限，片帮导致钻机前半部分被埋，当班瓦检员、安全检查工采取了停止作业、撤人措施，同时瓦检员将工作面出现的情况向通风调度作了汇报。7月5日23时，安排掘进三队回收物料、清理浮煤和检修刮板输送机。7月6日3时56分23秒，监测室监测系统报警，3314下回联掘进工作面瓦斯监测断线，回风流监测瓦斯浓度3.50%。4时18分，矿调度室接到汇报，3314下回联掘进工作面发生煤与瓦斯突出，工作面 4 人被困，矿调度室立即按照相关程序通知值班矿领导、矿领导及相关区队、部室负责人，要求迅速到矿调度室集合。同时通知救护队和医院医护人员到井口待命，4 时 28 分所有人员到达矿调度室，矿长命令矿井南采区所有工作面停电、撤人并宣布立即启动事故应急救援预案，成立事故救援指挥部。4 时 30 分，救护队入井开展侦查、救援工作。8 时 45 分，确认全矿井下出勤 315 人，撤出 311 人，4 人被困。9 时 30 分，3314 下回联掘进工作面恢复通风系统、排放瓦斯，开始清煤救援。15 时 26 分，在 3314 下回联掘进工作面带式输送机机尾发现第一名遇难人员遗体。截至 7 月 8 日 12 时 50 分，四名遇难人员已全部找到。

（2）事故直接原因。

①3314 下回联掘进工作面布置在突出煤层应力集中区，在出现喷孔、夹钻、片帮等突出预兆后，未消除突出危险，违反《防治煤与瓦斯突出规定》安排工人清理工作面片帮落煤，破坏了处于极限的应力平衡状态，诱发了煤与瓦斯突出。

②7 月 1 日四点班工作面出现喷孔、片帮等异常情况后，防突预测人员仅按预测指标不超判定工作面无突出危险。

③有关防突管理人员也没有按规定立即停止作业，安排工作面继续掘进四个小班，共进尺 3.2 m，使安全保护煤柱减小，抵抗突出危险性的能力减弱。

（3）事故间接原因。

①工作面煤层厚度发生变化后未及时变更设计、调整工作面局部防突措施。

②防突措施钻孔方位、倾角、深度等参数未进行监督校核，未绘制防突措施竣工图。

③现场防突安全管理不严，事故隐患排查治理不到位。未按规定在现场严密观察工作面情况，没有认真检查防突措施的现场落实情况。

④7 月 1—6 日工作面多次出现突出预兆，未按规定立即停止作业，查明原因，采取措施消除突出危险；重大事故隐患信息未及时上报。

⑤矿井安全培训不到位。防突管理人员和井下工作人员对喷孔、夹钻、片帮等突出预兆认识不足，均未引起重视而继续作业。

（4）防范措施。

①严格执行《防治煤与瓦斯突出规定》重大隐患及时上报，有突出事故预兆要查明原因，全面提高生产安全管理水平。

②加强突出煤层安全技术管理。结合矿井实际，按照"一矿一策，一面一策"原则，进一步完善矿井综合防突措施，切实做到抽采达标，不掘突出头、

不采突出面。

③优化矿井采掘布置。采掘工作面布置应避开应力集中区，未消除突出危险性的煤层，不得布置采掘工作面。

④强化安全培训教育。开展经常性警示教育活动，提高职工对煤与瓦斯突出预兆的认识，增强防突意识。

第四章　电气系统安全检查

第一节　矿井地面供电系统安全检查要求及方法

一、检查地面供电系统图

（1）矿井两回路电源线路取自两个不同区域的变电所或发电站（两个电源应相互独立）。

（2）矿井两回路电源线路取自一个变电所，必须取自不同的母线段（发生任何故障两个母线段不得同时中断供电）。

（3）变电所所选设备、线路符合规定。

（4）变电所接线连接符合规定。

（5）矿井两回路电源线路无分接任何负荷；当任一回路发生故障停止供电时，另一回路应能担负矿井全部用电负荷。

（6）矿井一级负荷（凡因突然中断供电，可造成人员伤亡或损坏重要设备的用电设备为一级负荷，如主要通风机、井下主要排水设备、升降人员的立井提升机、抽放瓦斯设备等）的供电线路应至少有两条，且两条线路应取自不同母线段，一条送电运行，一条送电备用。

（7）变电所供电系统图与实际相符。

二、检查地面中央变电所

（1）检查设备：①套管、刀闸、母线、互感器、避雷器、电容器等设备瓷质部分应清洁无裂纹和闪络现象；②变压器、开关、互感器等充油设备油面、油色、油温度正常，外壳应清洁，无渗油漏油现象；③接头、刀闸接触良好，传动机构及设备、线夹等应无裂纹、变形、锈蚀现象；④变压器、互感器、电抗器等声音正常，无异响；⑤设备外壳接地牢固，无裂纹锈蚀现象；⑥各种监视灯、仪表指示正常，音响信号应良好；⑦电容器无放电、膨胀现象；⑧电缆头无漏油、放电现象；⑨设备铭牌、标志牌、编号齐全准确。

（2）检查防护用具：①防火器材齐全，存放整齐；②有验电、放电接地设施，绝缘用具齐全，并有定期检验报告。

（3）接地、防雷保护系统安装符合有关规定，有测试记录。

（4）防护栅栏、防护门的闭锁装置安全可靠。

（5）有和上级变电所、电力调度总机、矿调度室专用调度电话。

（6）单回路供电的矿井必须有备用电源，备用电源做如下检查：

①检查是否报安全生产许可证的发放部门审查；②备用电源的容量必须满足通风、排水、提升等要求；③检查备用电源投入通风机等是否在 10 min 内可靠启动和运行；④检查备用电源是否有专人负责管理和维护；⑤检查每 10 天至少进行一次启动和运行试验，试验记录要存档。

第二节　井下电气设备"防爆"安全检查要求及方法

《煤矿安全规程》第四百四十八条规定：防爆电气设备到矿验收时，应当检查产品合格证、煤矿矿用产品安全标志，并核查与安全标志审核的一致性。入井前，应当进行防爆检查，签发合格证后方准入井。

《煤矿安全规程》第四百八十二条规定：井下防爆电气设备的运行、维护和修理，必须符合防爆性能的各项技术要求。防爆性能遭受破坏的电气设备，必须立即处理或者更换，严禁继续使用。

（1）防爆设备到矿验收时应检查防爆性能，检查产品合格证、防爆合格证和煤矿矿用产品安全标志"三证"的一致性；入井时检查防爆型式和防爆性能，检查合格后防爆检查员发放入井合格证；井下电气设备选用规定见表 4-1。

表 4-1　井下电气设备选用规定

使用场所 类别	煤（岩）与瓦斯（二氧化碳）突出矿井和瓦斯喷出区域	瓦斯矿井				
		井底车场、总进风巷和主要进风巷		翻车机硐室	采区进风巷	总回风巷、主要回风巷、采区回风巷、工作面和工作面进回风巷
		低瓦斯矿井	高瓦斯矿井			
高低压电机和电气设备	矿用防爆型（增安型除外）	矿用一般型	矿用一般型	矿用防爆型	矿用防爆型	矿用防爆型（增安型除外）
照明灯具	矿用防爆型（增安型除外）	矿用一般型	矿用防爆型	矿用防爆型	矿用防爆型	矿用防爆型（增安型除外）
通信、自动化装置和仪表、仪器	矿用防爆型（增安型除外）	矿用一般型	矿用防爆型	矿用防爆型	矿用防爆型	矿用防爆型（增安型除外）

（2）隔爆外壳应清洁、完整无损、并有清晰的铭牌和"MA"矿用产品安全标志；设备铭牌型号、"煤矿矿用产品安全标志"编号要与"煤矿矿用产品安全标志"证书一致。

（3）机械闭锁装置齐全、功能完善、动作灵活可靠全。

（4）防爆室（腔）的观察窗（孔）的透明玻璃板无松动、无破裂。

（5）设备结构和元器件无改动。

（6）隔爆接合面间隙不超限，隔爆面无锈蚀、油漆和其他夹杂物，磷化面无云状痕迹，无超限的伤痕；隔爆接合面的宽度和间隙见表4-2。

表4-2　隔爆接合面的宽度和间隙

接合面宽度 $L/$mm		与外壳容积对应的最大间隙/mm	
		$V \leqslant 100$ cm^3	$V > 100$ cm^3
平面和止口接合面	$6 \leqslant L < 12.5$	0.30	—
	$12.5 \leqslant L < 25$	0.40	0.40
	$25 \leqslant L$	0.50	0.50
操纵杆和轴	$6 \leqslant L < 12.5$	0.30	—
	$12.5 \leqslant L < 25$	0.40	0.40
	$25 \leqslant L$	0.50	0.50
滑动轴承的转轴	$6 \leqslant L < 12.5$	0.30	—
	$12.5 \leqslant L < 25$	0.40	0.40
	$25 \leqslant L < 40$	0.50	0.50
	$40 \leqslant L$	0.60	0.60
滚动轴承的轴	$6 \leqslant L < 12.5$	0.45	—
	$12.5 \leqslant L < 25$	0.60	0.60
	$25 \leqslant L$	0.75	0.75

（7）用螺栓固定的隔爆接合面螺栓紧固，弹簧垫圈的规格与螺栓配套，螺栓紧固后，螺栓螺纹应露出1~3个螺距，同一部位的螺母、螺栓规格一致。

（8）检查接线：

①设备接线腔清洁无杂物，接线无毛刺，螺丝、垫圈、弹簧垫齐全紧固。

②裸露带电导体之间最短空气距离不小于电气间隙的规定（127 V不小于6 mm，380 V不小于8 mm，660 V不小于10 mm，1140 V不小于18 mm）。

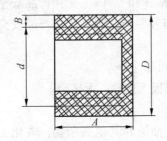

d—电缆公称直径 ±1 mm；A—密封
圈轴向长度，$A \geqslant 0.7d$；B—密封圈
厚度，$B \geqslant 0.3d$；D—密封圈外径
与安装密封圈孔 D_0 之差，应
符合表 4 – 3 规定

图 4 – 1　密封圈结构示意图

③接线腔内接线，接地线长于导电芯线，电缆拉脱时接地线最后拉脱。

④电缆护套进入开关器壁 5 ~ 15 mm，进线引入装置连接紧固，密封合格。

⑤电缆引入装置的密封圈应符合以下规定：

a）密封圈非压缩轴向长度：圆形电缆直径不大于 20 mm，密封圈轴向长度最小为 20 mm；电缆直径大于 20 mm，轴向长度最小为 25 mm。

b）密封圈橡胶必须满足 IRHD 硬度 45 ~ 55 的要求。

c）为使密封圈有一定的通用性，以适应不同公称直径的电缆，允许密封圈上切同心槽，如图 4 – 1 所示。

d）密封圈无破损，不得割开使用，电缆与密封圈之间不得包扎其他物体。

e）压紧螺母式引入装置和采用切同心槽密封圈的引入装置，都应在压紧螺母与密封圈之间加设金属垫圈。

f）不用的电缆引入装置应用厚度小于 2 mm、钢板直径与引入装置内径差不大于 2 mm 的钢板堵死。

g）接线装置压紧电缆后，电缆的压扁量不得超过电缆直径的 10%。

h）内、外接地装置无锈蚀、接地线断面不小于规定。

i）安全保护完善、准确，动作可靠。

表 4 – 3　密封圈外径，与安装密封圈孔径 D_0 之差

D/mm	$D_0 - D$/mm
$D \leqslant 20$	$\leqslant 1.0$
$20 < D \leqslant 60$	$\leqslant 1.5$
$D > 60$	$\leqslant 2.0$

第三节　井下电网过流保护安全检查要求及方法

《煤矿安全规程》第四百五十一条规定：井下由采区变电所、移动变电站或者配电点引出的馈电线上，必须具有短路、过负荷和漏电保护。低压电动机的控

制设备，必须具备短路、过负荷、单相断线、漏电闭锁保护及远程控制功能。

一、过负荷保护的安全检查

过负荷是指电气设备的实际工作电流超过其额定电流值，过电流的持续时间也超过了规定。过负荷会使电气设备温度增高，当实际温度超过电气设备的允许温度时，就会造成设备绝缘损坏，烧毁电气设备，甚至引发电气火灾，造成瓦斯和煤尘事故。过负荷是井下烧毁中小型电动机的主要原因之一。

1. 造成过负荷的主要原因

（1）电网电压偏低：供电线路过长或供电线路电缆截面积偏小，设备运行时使线路电压降过大，电动机端电压低于规定值，电动机运行使电动机温度增高；运行时间超过允许时间，电动机温度超过允许最高温度。

（2）电动机频繁启动：井下使用的电动机多是鼠笼型异步电动机，启动电流为额定电流的 5～7 倍，若频繁启动，使电动机处于长时启动状态，会造成电动机发热烧毁。

（3）电动机堵转：电动机轴承损坏或转动部件被卡、压，使电动机送电后不能正常转动，电流远远超过额定值，短时间即可使电动机过热烧毁。

（4）对生产机械的误操作：对运行中的生产机械误操作，使运行中的机械过负荷运行或重负载启动，如刮板运输机底槽或尾部塞满煤炭，或刮板运输机停运时堆满煤炭，强行连续点动刮板运输机启动，使电动机过热烧毁。

（5）断相：指供电线路或设备一线（一相）断开的状态，断相运行也称为单相运行。电动机在运行中发生一相断相故障还能保持运行，但是电动机输出功率减小，使电动机电流增加而烧毁电动机。

（6）电动机散热不好，电动机被埋，空气不能流通，使电动机温度增高而烧毁电动机。

（7）过负荷保护不合理，电动机过负荷保护不动作。

2. 过负荷检查的主要内容

（1）检查控制设备过负荷保护装置。井下电动机控制设备入井前要测试电机综合保护器的短路、过负荷、单相断线保护的性能，安装后要定期检验：整定值是否整定合理、动作可靠、显示准确，电机综合保护检验记录是否符合表 4 - 4、表 4 - 5 的规定。

（2）检查控制设备的三相主触头是否同时接触，接线连接是否紧固。

（3）检查电动机是否被埋，散热环境是否良好。

（4）检查操作是否合理，是否超负荷运行。

表4-4 电机综合保护器的过负荷保护特性

名称	整定电流倍数	动作时间	起始状态
	1.05	长期不动作	冷态
	1.2	5 min < t < 20 min	热态
过负荷	1.5	1 min < t < 3 min	热态
	6	8 s < t < 16 s	冷态

表4-5 电机综合保护器的单相保护特性

序号	整定电流倍数		动作时间	起始状态
	任意两相	第三相		
1	1.0	0.9	长期不动作	冷态
2	1.15	0	< 20 min	热态

二、短路保护的安全检查

短路是具有电位差的两点，通过电阻很小的导体直接短接。煤矿供电系统为变压器中性点不接地的三相供电系统，供电系统中两相火线短接为两相短路，三相火线短接为三相短路。短路电流比额定电流大几倍、几十倍，甚至上百倍，在极短的时间内就能造成电缆、电气设备烧毁，供电中断和火灾事故。所以，要求短路保护动作迅速，必须在没造成危害之前切断电源。短路的主要原因是绝缘损坏，弧光短路。

三、相短路保护的安全检查

《煤矿安全规程》第四百五十二条规定：井下配电网路（变压器馈出线路、电动机等）必须具有过流、短路保护装置；必须用该配电网路的最大三相短路电流校验开关设备的分断能力和动、热稳定性以及电缆的热稳定性。

必须用最小两相短路电流校验保护装置的可靠动作系数。保护装置必须保证配电网路中最大容量的电气设备或者同时工作成组的电气设备能够起动。

检查校验开关设备的分断能力和动、热稳定性，以及电缆的热稳定性的检查记录，符合以下规定：

（1）开关断路器最大分断电流峰值大于最大三相短路电流冲击值。

（2）电缆的实际截面大于短路热校验所允许的最小截面。

两相短路电流的检查：

（1）检查开关铭牌标定的两相短路电流是否与供电系统图中一致。

（2）检查开关两相短路电流保护整定值是否正确。

（3）检查短路保护装置的整定值与最小两项短路电流进行校验，是否满足以下要求：

电磁式过流继电器：
$$\frac{I_d^{(2)}}{I_z} \geq 1.5$$

电子保护器：
$$\frac{I_d^{(2)}}{8I_e} \geq 1.2$$

式中　$I_d^{(2)}$——被保护电缆最远点的两项短路电流值，A；

$\quad\quad I_z$——电磁式过流继电器短路保护整定值，A；

$\quad\quad I_e$——电子保护器过流整定值，A。

第四节　井下电网漏电保护安全检查要求及方法

《煤矿安全规程》第四百五十三条规定：井上、下变电所的高压馈电线上，必须具备有选择性的单相接地保护；向移动变电站和电动机供电的高压馈电线上，必须具有选择性的动作于跳闸的单相接地保护。

井下低压馈电线上，必须装设检漏保护装置或者有选择性的漏电保护装置，保证自动切断漏电的馈电线路。

每天必须对低压漏电保护进行1次跳闸试验。

煤电钻必须使用具有检漏、漏电闭锁、短路、过负荷、断相和远距离控制功能的综合保护装置。每班使用前，必须对煤电钻综合保护装置进行1次跳闸试验。

井下电网发生漏电故障，不仅会导致人身触电、瓦斯、煤尘爆炸和电雷管先期引爆事故，还可能引发短路造成电气火灾和烧毁电气设备。

目前井下低压供电系统有附加直流原理和有选择漏电保护原理两种漏电保护装置。井下使用的防爆低压馈电开关都具有附加直流型漏电保护和有选择型漏电保护两种保护功能。

一、漏电保护设置的检查

（1）当一台变压器有数台馈电开关时，必须将总开关漏电保护设置为附加直流型漏电保护，即将漏电保护设置为"总"；分支开关漏电保护设置为有选择型漏电保护，即将漏电保护设置为"支"。

（2）在一个供电系统中只准设置一个附加直流型漏电保护，否则，使漏电保护的动作电阻值降低。如一个供电系统设置两台附加直流原理检漏继电器"总"，则动作电阻值为规定动作电阻值的二分之一。

（3）变压器低压侧的总开关一定和变压器一同安装在变电所内，否则变压器与馈电开关之间的电缆无漏电保护。

（4）使用移动变电站的供电系统，因移动变电站低压侧已有附加直流型的漏电保护，故供电网路所有的馈电开关的漏电保护都设置为有选择型的漏电保护"支"。

（5）供检漏保护装置作检验用的辅助接地线，应用芯线总断面不小于 10 mm² 的橡套电缆。检漏保护装置的辅助接地极应单独设置，规格要求与局部接地极相同，并距局部接地极的直线距离不小于 5 m。

（6）检漏保护装置安装完毕后，应做跳闸试验，如不跳闸，则应立即切断电源作全面检查，合格后方可投入使用。具有对电网对地电容电流进行补偿的各类检漏保护装置，在供电系统安装完毕后，均应在正常负荷下进行电容电流的最佳补偿调节。

二、漏电保护运行和维护的检查

（1）检查值班电钳工每天对检漏保护装置运行情况进行的检查试验记录内容是否完善。

（2）观察欧姆表的指示数值是否正常。当电网绝缘 1140 V 低于 50 kΩ，660 V 低于 30 kΩ，380 V 低于 15 kΩ，127 V 低于 10 kΩ 时，应及时采取措施，设法提高电网绝缘电阻值，尽量避免自动跳闸。

（3）局部接地极和辅助接地极的安设应良好。

（4）用试验按钮对检漏保护装置进行跳闸试验。漏电动作电阻值、闭锁电阻值应符合表 4-6 的规定。

表 4-6　漏电动作电阻值、闭锁电阻值的规定

额定电压/V	单相漏电动作电阻值/kΩ	单相漏电闭锁电阻值/kΩ	经 1 kΩ 电阻接地动作时间/ms	网络电容 0.22~1.0 μF 补偿效率 η/%
380	3.5 +20%	7 +20%	≤100	
660	11 +20%	22 +20%	≤80	>60
1140	20 +20%	40 +20%		

（5）在瓦斯检查员的配合下，对新安装的检漏保护装置在首次投入运行前做一次远方人工漏电跳闸试验。运行中的检漏保护装置，每月至少做一次远方人工漏电跳闸试验。

第五节　井下电气设备保护接地安全检查要求及方法

检查电压在 36 V 以上和由于绝缘损坏可能带有危险电压的电气设备的金属外壳、构架，铠装电缆的钢带（钢丝）、铅皮（屏蔽护套）等是否有保护接地。

一、检查接地极

（1）检查主、副水仓中是否各垂直吊挂 1 块用耐腐蚀钢板制成主接地极。

①接地母线和主接地极连接处是否承受较大拉力。

②是否有便于取出主接地极检查的吊钩和牵引装置。

③接地极是否与其连接导线焊接。

④主接地极面积不小于 0.75 m^2、厚度不小于 5 mm。

（2）局部接地极设置于巷道水沟内或者其他就近的潮湿处。局部接地极应当用面积不小于 0.6 m^2、厚度不小于 3 mm 的钢板制成，并平放于水沟深处。也可以用直径不小于 35 mm、长度不小于 1.5 m 的钢管制成，管上至少钻 20 个直径不小于 5 mm 的透孔，并全部垂直埋入底板。

（3）检查下列地点是否都设置局部接地极：

①采区变电所（包括移动变电站和移动变压器）。

②装有电气设备的硐室和单独装设的高压电气设备。

③低压配电点或者装有 3 台以上电气设备的地点。

④无低压配电点的采煤工作面的运输巷、回风巷、带式输送机巷以及由变电所单独供电的掘进工作面（至少分别设置 1 个局部接地极）。

⑤连接高压动力电缆的金属连接装置。

二、检查接地线

（1）连接主接地极母线，应当采用截面积不小于 50 mm^2 的铜线，或者截面积不小于 100 mm^2 的耐腐蚀铁线，或者厚度不小于 4 mm、截面积不小于 100 mm^2 的耐腐蚀扁钢。

（2）电气设备的外壳与接地母线、辅助接地母线或者局部接地极的连接，电缆连接装置两头的铠装、铅皮的连接，应当采用截面积不小于 25 mm² 的铜线，或者截面积不小于 50 mm² 的耐腐蚀铁线，或者厚度不小于 4 mm、截面积不小于 50 mm² 的耐腐蚀扁钢。

三、检查接地电阻

（1）测试接地电阻。将接地极与接地网断开，在瓦斯检查员测试瓦斯浓度值小于 1% 的环境中，用接地电阻测试仪测试接地电阻，其值不得超过 2 Ω。每一移动式和手持式电气设备至局部接地极之间的保护接地用的电缆芯线和接地连接导线的电阻值，不得超过 1 Ω。

（2）检查接地电阻测试记录，每季度至少一次。

（3）检查橡套电缆的接地芯线，除用作监测接地回路外，不得兼作他用。

第六节　井下电缆安全检查要求及方法

一、供电电缆选型的检查

（1）在立井井筒或者倾角为 45° 及其以上的井巷内，应当采用煤矿用粗钢丝铠装电力电缆。

（2）在水平巷道或者倾角在 45° 以下的井巷内，应当采用煤矿用钢带或者细钢丝铠装电力电缆。

（3）在进风斜井、井底车场及其附近、中央变电所至采区变电所之间，可以采用铝芯电缆；其他地点必须采用铜芯电缆。

（4）固定敷设的低压电缆，应当采用煤矿用铠装或者非铠装电力电缆或者对应电压等级的煤矿用橡套软电缆。

（5）非固定敷设的高低压电缆，必须采用煤矿用橡套软电缆。移动式和手持式电气设备应当使用专用橡套电缆。

（6）移动变电站的电源电缆应采用高柔性和高强度的矿用监视型屏蔽橡套电缆。

（7）采区低压电缆严禁采用铝芯。

二、检查电缆截面积是否符合规定

（1）满足机械强度要求电缆的最小截面积不应低于表 4 - 7 的规定。

（2）电缆允许持续电流值应大于电缆正常工作负荷电流值。

（3）电缆末端最小两相短路电流应大于短路保护整定值的1.5倍。

表4-7　各用电设备用电缆最小截面积

序号	用电设备名称	电缆最小截面积/mm²
1	各种采煤机	50～95
2	带式输送机、刮板输送机和转载机	25～50
3	小功率刮板输送机	10～25
4	回柱绞车、装岩机	16～25
5	调度绞车、照明干线	4～6

（4）按允许电压损失选择电缆截面积，电动机端电压不低于以下规定：正常运行时电动机的端电压允许偏移额定电压的5%，个别较远电动机的端电压允许偏移额定电压的8%～10%；电动机启动时的端电压不得低于额定电压的75%，不同电网电动机最小端电压见表4-8。

表4-8　电动机最小端电压

额定电压/V	电动机最小端电压/V		
	电动机负偏移5%	电动机负偏移10%	电动机启动负偏移75%
380	361	342	285
660	627	594	495
1140	1083	1026	855
3300	3135	2970	2475

三、检查电缆的安装和敷设是否符合《煤矿安全规程》的规定

《煤矿安全规程》对电缆的安装和敷设规定如下：

第四百六十二条　在总回风巷、专用回风巷及机械提升的进风倾斜井巷（不包括输送机上、下山）中不应敷设电力电缆。确需在机械提升的进风倾斜井巷（不包括输送机上、下山）中敷设电力电缆时，应当有可靠的保护措施，并经矿总工程师批准。

溜放煤、矸、材料的溜道中严禁敷设电缆。

第四百六十四条　电缆的敷设应当符合下列要求：

（一）在水平巷道或者倾角在30°以下的井巷中，电缆应当用吊钩悬挂。

（二）在立井井筒或者倾角在30°及以上的井巷中，电缆应当用夹子、卡箍或者其他夹持装置进行敷设。夹持装置应当能承受电缆重量，并不得损伤电缆。

（三）水平巷道或者倾斜井巷中悬挂的电缆应当有适当的弛度，并能在意外受力时自由坠落。其悬挂高度应当保证电缆在矿车掉道时不受撞击，在电缆坠落时不落在轨道或者输送机上。

（四）电缆悬挂点间距，在水平巷道或者倾斜井巷内不得超过3 m，在立井井筒内不得超过6 m。

（五）沿钻孔敷设的电缆必须绑紧在钢丝绳上，钻孔必须加装套管。

第四百六十五条　电缆不应悬挂在管道上，不得遭受淋水。电缆上严禁悬挂任何物件。电缆与压风管、供水管在巷道同一侧敷设时，必须敷设在管子上方，并保持0.3 m以上的距离。在有瓦斯抽采管路的巷道内，电缆（包括通信电缆）必须与瓦斯抽采管路分挂在巷道两侧。盘圈或者盘"8"字形的电缆不得带电，但给采、掘等移动设备供电电缆及通信、信号电缆不受此限。

井筒和巷道内的通信和信号电缆应当与电力电缆分挂在井巷的两侧，如果受条件所限：在井筒内，应当敷设在距电力电缆0.3 m以外的地方；在巷道内，应当敷设在电力电缆上方0.1 m以上的地方。

高、低压电力电缆敷设在巷道同一侧时，高、低压电缆之间的距离应当大于0.1 m。高压电缆之间、低压电缆之间的距离不得小于50 mm。

井下巷道内的电缆，沿线每隔一定距离、拐弯或者分支点以及连接不同直径电缆的接线盒两端、穿墙电缆的墙的两边都应当设置注有编号、用途、电压和截面的标志牌。

第四百六十六条　立井井筒中敷设的电缆中间不得有接头；因井筒太深需设接头时，应当将接头设在中间水平巷道内。

运行中因故需要增设接头而又无中间水平巷道可以利用时，可以在井筒中设置接线盒。接线盒应当放置在托架上，不应使接头承力。

第四百六十七条　电缆穿过墙壁部分应当用套管保护，并严密封堵管口。

第四百六十八条　电缆的连接应当符合下列要求：

（一）电缆与电气设备连接时，电缆线芯必须使用齿形压线板（卡爪）、线鼻子或者快速连接器与电气设备进行连接。

（二）不同型电缆之间严禁直接连接，必须经过符合要求的接线盒、连接器或者母线盒进行连接。

（三）同型电缆之间直接连接时必须遵守下列规定：

1. 橡套电缆的修补连接（包括绝缘、护套已损坏的橡套电缆的修补）必须采用阻燃材料进行硫化热补或者与热补有同等效能的冷补。在地面热补或者冷补后的橡套电缆，必须经浸水耐压试验，合格后方可下井使用。

2. 塑料电缆连接处的机械强度以及电气、防潮密封、老化等性能，应当符合该型矿用电缆的技术标准。

第七节　井下机电设备硐室安全检查要求及方法

《煤矿安全规程》中对井下机电设备硐室的安全检查做出了明确规定：

第四百五十六条　永久性井下中央变电所和井底车场内的其他机电设备硐室，应当采用砌碹或者其他可靠的方式支护，采区变电所应当用不燃性材料支护。

硐室必须装设向外开的防火铁门。铁门全部敞开时，不得妨碍运输。铁门上应当装设便于关严的通风孔。装有铁门时，门内可加设向外开的铁栅栏门，但不得妨碍铁门的开闭。

从硐室出口防火铁门起 5 m 内的巷道，应当砌碹或者用其他不燃性材料支护。硐室内必须设置足够数量的扑灭电气火灾的灭火器材。

井下中央变电所和主要排水泵房的地面标高，应当分别比其出口与井底车场或者大巷连接处的底板标高高出 0.5 m。

硐室不应有滴水。硐室的过道应当保持畅通，严禁存放无关的设备和物件。

第四百五十七条　采掘工作面配电点的位置和空间必须满足设备安装、拆除、检修和运输等要求，并采用不燃性材料支护。

第四百五十八条　变电硐室长度超过 6 m 时，必须在硐室的两端各设 1 个出口。

第四百五十九条　硐室内各种设备与墙壁之间应当留出 0.5 m 以上的通道，各种设备之间留出 0.8 m 以上的通道。对不需从两侧或者后面进行检修的设备，可以不留通道。

第四百六十条　硐室入口处必须悬挂"非工作人员禁止入内"警示牌。硐室内必须悬挂与实际相符的供电系统图。硐室内有高压电气设备时，入口处和硐室内必须醒目悬挂"高压危险"警示牌。

硐室内的设备，必须分别编号，标明用途，并有停送电的标志。

第一百六十七条　井下充电室必须有独立的通风系统，回风风流应当引入回风巷。

井下充电室，在同一时间内，5 t 及以下的电机车充电电池的数量不超过 3 组、5 t 以上的电机车充电电池的数量不超过 1 组时，可不采用独立通风，但必须在新鲜风流中。

井下充电室风流中以及局部积聚处的氢气浓度，不得超过 0.5%。

第一百六十八条　井下机电设备硐室必须设在进风风流中；采用扩散通风的硐室，其深度不得超过 6 m、入口宽度不得小于 1.5 m，并且无瓦斯涌出。

井下个别机电设备设在回风流中的，必须安装甲烷传感器并实现甲烷电闭锁。

采区变电所及实现采区变电所功能的中央变电所必须有独立的通风系统。

第八节　井下电气设备安装、检修、搬运及停送电作业安全检查要求及方法

一、检查制定的作业规程和安全措施

（1）检查措施内容是否完善。

（2）安全措施是否经规定的部门和有关领导批准和签字。

二、检查参加施工的人员

（1）检查施工负责人、安全负责人、监护人、质量负责人是否齐全到位，是否熟记自己负责的内容和标准。

（2）考核所有参加施工人员必须证件齐全，并熟悉本岗位、熟悉本岗位作业规程和安全措施；证件不齐的人员严禁参加施工。

三、检查施工器材和工具

（1）检查施工器材和工具是否齐全。

（2）检查施工器材和工具质量是否合格、安全系数是否符合规定。

四、检查施工环境

（1）检查施工现场的长、宽距离和吊装高度是否满足施工的需要，运送设备和配件的运送路线是否安全可靠。

（2）检查施工现场的周围有无妨碍施工的事物和装置。

（3）施工现场防火、防瓦斯的措施是否完善。

五、检查施工质量

（1）安装和检修的每一道程序都要达到标准的要求。

（2）施工的每一道程序，施工人员都要填写详细的记录，施工人员和质量验收人员都要签字。

六、停送电的检查

（1）检查批准后的高压停、送电是否有书面申请书或者其他联系方式，以及是否有专责电工。

（2）低压停、送电的电源开关是否停电加锁、挂牌，以及是否有专责电工。

【案例】电火花引爆瓦斯事故案例。

（1）事故经过。某年6月25日，某煤矿有关人员前往七层三采区工作面进行生产准备工作。几名机电工人处理七层三采区一号配电点开关故障，另一机电工人借前端配电点停电之机，未经联系，也未切断前侧电源开关，擅自修理七层三采区准备工作面运输巷的一台开关。一号配电点电工处理完故障后，就送上电，准备工作面运输巷的电工正在接线，造成火线短路，产生电火花，引起瓦斯爆炸，波及190多米，造成5人死亡，3人受伤，3人中毒。

（2）事故原因。

①风量严重不足，造成瓦斯积聚。6月24日23点，回风巷调风量风门因抬送伤员被拆掉后未修复，使岩石回风巷的风量增大。另外，七层三采区进风巷道被堵，使其风量减少。造成七层三采区准备工作面处于微风状态，使巷道中瓦斯积聚，瓦斯浓度达到爆炸浓度界限。

②风门没安装风门传感器，没报警，没显示，有关领导不知道回风巷调风量风门被拆掉。

③没安装瓦斯传感器，瓦斯浓度超限，没报警，没断电。

④电工违章作业，产生引爆火源。电工在没有和一号配电点电工进行联系，也没有切断前侧控制开关的情况下，去修理准备工作面运输巷开关。一号配电点停电的人员完成原定任务，摘牌送电后，造成准备工作面运输巷正在修理的开关火线短路，产生电火花，引爆瓦斯。

⑤瓦检员检查不到位，没有发现调风量风门被拆掉，没有发现准备工作面瓦斯超限。

（3）防范措施。

①加强职工安全思想教育，严格执行各项规章制度。

②电工作业前，必须切断电源开关，停电加锁挂牌，几处作业挂几个停电作业牌，全部作业牌摘完，方能送电。

③完善安全监控系统。

第九节　矿井供电系统专项安全检查

矿用隔爆型移动变电站（以下简称移动变电站），是由隔爆型移动变电站用干式变压器、矿用隔爆型高压真空配电装置(以下简称高压开关)和矿用隔爆型移动变电站低压馈电开关（以下简称馈电开关）三部分组成的移动式成套装置。

一、外壳安全检查

（1）矿用隔爆型移动变电站的外壳及其结合部的隔爆性能必须符合防爆标准的有关规定。

（2）外壳内部清洁，无污物，无锈蚀，观察孔玻璃完好、清晰。

（3）壳体与拖橇连接牢固可靠，滚轮转动灵活。

（4）内外接地装置、接地线符合标准要求，连接紧固。

二、高压开关安全检查

（1）导线连接紧固，防松装置齐全完好；支持绝缘子无裂纹及放电痕迹。

（2）刀闸及消弧触头应符合下列规定：

①刀闸及消弧触头接触良好，接触面积不小于总面积的80%。合闸后，闸刀插入静触头深度为（16±2）mm。

②动消弧触头顶端烧损长度不大于2 mm。

③分闸时主触头先分，在开距大于15 mm后，消弧触头再分离；分闸后，闸刀与静触头之间的距离不小于150 mm。

④三相刀闸及消弧触头合闸不同期性不大于3 mm。

（3）操作机构动作灵活可靠，无刮卡现象，合、分闸指示正确。限制合闸位置符合规定。

三、馈电开关安全检查

（1）导线连接紧固，固定接头需镀锡或银。

（2）开关性能应符合下列规定：

①触头接触良好，磨损厚度大于原设计尺寸 1/3 时必须更换，更换触头材质符合厂家技术文件要求。

②触头接触良好，触头开距为 18 mm，超行程 4~4.5 mm，三相接触不同期性≤0.5 mm。

③消弧装置完好无损，消弧栅片无灼伤、无缺片。

（3）保护装置齐全完整动作灵敏可靠，其整定参数应符合下列规定：

①失压保护，当电压在额定电压 85% 时应可靠吸合；电压在额定电压 70%~35% 时应释放。

②过电流保护装置整定合理，动作可靠。

③漏电保护漏电动作值整定：1140 V 单相 20 kΩ；660 V 单相 11 kΩ。漏电闭锁电阻值大于或等于 2 倍漏电动作电阻值。

（4）操作机构只有在高压开关合闸后才能合闸，合闸时手柄旋向逆时针方向 120°储能，继续顺时针方向旋转到原来位置，即合闸，此时馈电开关信号灯：黄灯灭，绿灯亮。

（5）馈电开关信号显示：

①馈电开关手柄分、合状态在同一位置，其分、合闸状态的信号灯显示为：黄灯显示分闸，绿灯显示合闸，当产生过流跳闸时红灯亮。

②检漏状态信号灯：当检漏装置处于闭锁状态时黄灯亮，检漏装置投入正常运行时绿灯亮，馈电开关负荷侧有漏电故障时红灯亮。

四、联锁机构

（1）高、低压开关之间具有电气联锁，因而操作程序只能是：高压开关较低压开关先合闸，高压开关较低压开关后分闸。

（2）高压开关箱大盖与开关间有机械联锁，打开高压开关大盖必须切除高压进线端电源；低压开关箱与大盖之间有机械联锁，打开低压开关箱大盖后，不能合闸和储能；开关在合闸和储能位置上，无法打开大盖。

（3）高、低压开关间电气联锁应保证移动变电站的停送电操作程序，必须符合以下要求：

①供电时，先合高压开关，后合低压开关。

②断电时，先分低压开关，后断高压开关。

五、矿用隔爆型干式变压器

（1）线圈采用 H 级绝缘；铁芯表面应涂 H 级硅有机绝缘漆。

（2）线圈组装：低压线圈距铁芯距离为 10 mm。高、低压线圈之间间隙为 23 mm。

（3）接线与套管：

①高低压套管无裂纹、无灼伤，紧固可靠，环氧树脂固定正常。

②连接导线绝缘良好，连接紧固。

（4）变压器过热保护。干式变压器箱壳内部上层空腔须有温度监测器件（温控开关），且性能良好，动作准确。

第五章　提升运输系统安全检查

第一节　矿井提升系统检修作业安全检查要求及方法

一、提升机的检查

（1）检查每年一次的检查记录和三年内的测试报告，时间是否超过规定，检查和测试数据是否合格。

（2）检查图纸资料是否齐全准确。

（3）检查是否使用国家禁止使用的提升机和电控装置（KJ型矿井提升机、XKT型矿井提升机、水阻调速的调度绞车、TKD型绞车电控、JTK型矿井提升机、使用继电器结构原理的提升机电控装置、KJ1600/1220单筒缠绕式提升机等国家禁止使用的提升机和电控装置）。

（4）检查提升机最大静张力和最大静张力差是否满足实际运行的需要。

（5）检查井口和井底车场把钩工，是否认真检查上下井人员，是否在同一层罐笼内人员和物料混合提升。

（6）滚筒检查以下内容：

①滚筒的组合连接件，包括螺栓、铆钉、键等必须紧固，轮毂与轴的配合必须严密，不得松动；焊接部分，焊缝不得有气孔、夹渣、裂纹或未焊满等缺陷。

②钢丝绳绳头在滚筒内固定并用专用的卡绳装置卡紧，无锐角弯曲。

③检查滚筒上缠绕的钢丝绳层数不得超过下列规定：

a）立井中升降人员或升降人员和升降物料的，1层；专为升降物料的，2层。

b）倾斜井巷中升降人员或升降人员和升降物料的，2层；升降物料的，3层。

c）建井期间升降人员和物料的，2层。

d）现有生产矿井在用的绞车，如果在滚筒上装设过渡绳楔，滚筒强度满足要求且滚筒边缘高出最外1层钢丝绳的高度，至少为钢丝绳直径的2.5倍，层数可增加1层。

④游动滚筒离合器必须能全部脱开或合上，其齿轮啮合应良好。

（7）检查制动系统：

①块式制动器：

a）制动机构各种传动杆件、活塞等灵活可靠，各销轴不得松旷缺油，闸瓦固定牢靠，木质闸瓦的木材要充分干燥，纹理要均匀，不得有节子。

b）制动时闸瓦要与制动轮接触良好，各闸瓦接触面积均不得小于60%。松闸后，闸瓦与制动轮间隙：平移式不得大于2 mm，且上下相等，其误差不超过0.3 mm；角移式在闸瓦中心处不大于2.5 mm。每副闸前后闸瓦间隙应均匀相等。

②盘式制动器：

a）同一副制动闸两闸瓦工作面的平行度不得超过0.5 mm。

b）制动时，闸瓦与制动盘的接触面积不得小于闸瓦面积的60%。

c）松闸后，闸瓦与制动盘之间的间隙不大于2 mm。

（8）液压站油压稳定。

（9）闸的工作行程不得超过全行程的3/4。

（10）制动系统的机械电气联锁装置，动作应灵敏可靠。

（11）保险闸（或保险闸第一级）的空动时间（由保护回路断电时起至闸瓦刚接触到闸轮上的一段时间）：压缩空气驱动闸瓦式制动闸不得超过0.5 s；储能液压驱动闸瓦式制动闸不得超过0.6 s；盘式制动闸不得超过0.3 s。

（12）检查深度指示器：

①传动机构的各个部件应运转平稳，灵活可靠，指针指示准确，指针移动时不应与指示板相碰。

②提升运转一次的指针工作行程：牌坊式不小于指示板全行程的3/4；圆盘式旋转角度应在250°～350°之间。

③牌坊式深度指示器丝杠不得弯曲，丝杠螺母松旷程度不得超过1 mm。

④室内过卷装置动作准确、可靠。

⑤多绳摩擦提升绞车的调零机构和终端放大器应符合下列要求：

a）调零机构（粗针），当容器停在井口停车位置时，不管指针指示位置是否相符，均应能使粗针自动恢复到零位。

b）终端放大器（精针）的指针和指示盘应着色鲜明，不得反光刺眼。

二、提升钢丝绳的检查

1. 检查钢丝绳检查记录

（1）钢丝绳是否每天至少检查一次。

（2）钢丝绳是否按《煤矿安全规程》第四百一十一条相关规定送检。

（3）钢丝绳检查内容是否完善、准确与实际相符。

（4）钢丝绳是否按期涂油。

2. 检查钢丝绳当期检验报告，查看钢丝绳在用安全系数、断丝和抗拉强度是否合格

（1）钢丝绳悬挂时安全系数必须符合表5-1的规定。

（2）在用缠绕式提升钢丝绳在定期检验时，安全系数小于下列规定值时必须更换：

①专用升降人员用的钢丝绳小于7。

②升降人员和物料用的钢丝绳，升降人员时小于7，升降物料时小于6。

③专用升降物料和悬挂吊盘用的钢丝绳小于5。

表5-1 钢丝绳悬挂时安全系数最小值

用 途 分 类			安全系数
单绳缠绕式提升装置	专为升降人员		9
	升降人员和物料	升降人员	9
		混合提升	9
		升降物料	7.5
	专为升降物料		6.5
摩擦轮式提升装置	专为升降人员		$9.2-0.0005H$
	升降人员和物料	升降人员	$9.2-0.0005H$
		混合提升	$9.2-0.0005H$
		升降物料	$8.2-0.0005H$
	专为升降物料		$7.2-0.0005H$

3. 检查钢丝绳磨损、断丝、锈蚀是否超限，与钩头连接是否合格

（1）断丝升降人员和升降人员及物料的在用钢丝绳一个捻距内断丝断面积与钢丝总面积之比达到5%必须更换；专为升降物料的钢丝绳、平衡钢丝绳、防坠器的制动钢丝绳一个捻距内断丝断面积与钢丝总面积之比达到10%必须更换。

（2）磨损：提升钢丝绳、制动钢丝绳直径缩小10%必须更换；罐道钢丝绳直径缩小15%必须更换。

（3）锈蚀：钢丝绳出现变黑、锈皮、点蚀麻坑等时不得用作升降人员；钢丝绳锈蚀严重，或者点蚀麻坑形成沟纹，或者钢丝绳外层钢丝松动，应当立即更换。

三、供电和保护

（1）检查电源是否双回路供电并取自不同母线段，是否一回路运行一回路送电备用。

（2）检查控制装置是否是 PLC 电控；各种保护完善、整定值合格，动作可靠。

①过卷和过放保护：当提升容器超过正常终端停止位置或者出车平台 0.5 m 时，必须能自动断电，且使制动器实施安全制动。此要求是断电位置，而不是碰撞过卷开关的位置。

②超速保护：当提升速度超过最大速度 15% 时，必须能自动断电，且使制动器实施安全制动。

③过负荷和欠电压保护。

④限速保护：提升速度超过 3 m/s 的提升机应当装设限速保护，以保证提升容器或者平衡锤到达终端位置时的速度不超过 2 m/s。当减速段速度超过设定值的 10% 时，必须能自动断电，且使制动器实施安全制动。

⑤提升容器位置指示保护：当位置指示失效时，能自动断电，且使制动器实施安全制动。

⑥闸瓦间隙保护：当闸瓦间隙超过规定值时，能报警并闭锁下次开车。

⑦松绳保护：缠绕式提升机应当设置松绳保护装置并接入安全回路或者报警回路。箕斗提升时，松绳保护装置动作后，严禁向受煤仓放煤。

⑧仓位超限保护：箕斗提升的井口煤仓仓位超限时，能报警并闭锁开车。

⑨减速功能保护：当提升容器或者平衡锤到达设计减速点时，能示警并开始减速。

⑩错向运行保护：当发生错向时，能自动断电，且使制动器实施安全制动。

⑪摩擦式提升装置应设钢丝绳滑动保护，当发生钢丝绳滑动时能报警，并闭锁下次开车。

过卷保护、超速保护、限速保护和减速功能保护应当设置为相互独立的双线型式。缠绕式提升机应当加设定车装置。

（3）防爆型设备状态符合防爆要求。

四、提升容器和罐道的检查

1. 罐笼的检查

（1）专为升降人员和升降人员与物料的罐笼（包括有乘人间的箕斗）应符合下列要求：

①乘人层顶部应设置可以打开的铁盖或铁门，两侧装设扶手。

②罐底必须铺满钢板，如果需要设孔时，必须设置牢固可靠的门；两侧用钢板挡严，并不得有孔。

③进出口必须装设罐门或罐帘，高度不得小于 1.2 m。罐门或罐帘下部边缘至罐底的距离不得超过 250 mm，罐帘横杆的间距不得大于 200 mm。罐门不得向外开，门轴必须防脱。

④提升矿车的罐笼内必须装有阻车器。

⑤单层罐笼和多层罐笼的最上层净高（带弹簧的主拉杆除外）不得小于 1.9 m，其他各层净高不得小于 1.8 m。带弹簧的主拉杆必须设保护套筒。

⑥罐笼内每人占有的有效面积应不小于 0.18 m^2。

（2）罐笼内部阻车器及开闭装置应润滑良好，灵活可靠，阻爪动作一致。

（3）箕斗闸门转动灵活，关闭严密。立井箕斗平衡度良好，上开式箕斗闸门开启灵活，方向正确，关闭严密，不撒煤，不漏煤。

2. 罐道的检查

（1）检查罐道和罐耳的磨损不得达到下列数值：

①木罐道任一侧磨损量超过 15 mm 或其总间隙超过 40 mm。

②钢轨罐道轨头任一侧磨损量超过 8 mm，或轨腰磨损量超过原有厚度的 25%；罐耳的任一侧磨损量超过 8 mm，或在同一侧罐耳和罐道的总磨损量超过 10 mm，或者罐耳与罐道的总间隙超过 20 mm。

③组合钢罐道任一侧的磨损量超过原有厚度的 50%。

④钢丝绳罐道与滑套的总间隙超过 15 mm。各罐道绳的张紧力应相等。

（2）井筒罐道梁和其他装备的固定不能松动；防腐层无剥落。

3. 提升信号的检查

（1）提升信号必须具备以下要求：

①装有从井底信号工发给井口信号工和从井口信号工发给绞车司机的信号装置。

②井口信号装置必须与绞车的控制回路相闭锁，只有在井口信号工发出信号后，绞车才能启动。除常用的信号装置外，还必须有备用信号装置。

③井底车场与井口之间，井口与绞车司机台之间，除有上述信号装置外，还必须装设直通电话。

④一套提升装置服务几个水平使用时，从各水平发出的信号必须有区别。

（2）检查立井罐笼提升信号必须具备以下要求：立井使用罐笼提升时，井口、井底和中间运输巷的安全门必须与罐位和提升信号具备以下联锁：

①罐笼到位并发出停车信号后安全门才能打开。

②安全门未关闭，只能发出调平和换层信号，但发不出开车信号；安全门关闭后才能发出开车信号。

③发出开车信号后，安全门打不开。

（3）井口、井底和中间运输巷都应设置摇台，并与罐笼停止位置、阻车器和提升信号系统具备以下联锁：

①罐笼未到位，放不下摇台，打不开阻车器。

②摇台未抬起，阻车器未关闭，发不出开车信号。

③立井井口和井底使用罐座时，必须对罐座设置闭锁装置，罐座未打开，发不出开车信号。

第二节　矿井提升系统井口作业安全检查要求及方法

一、井口安全管理的检查规定

（1）井口必须有检身制度，严禁酒后入井，严禁携带烟草和点火物下井，严禁穿化纤衣服入井。

（2）井口房和通风机房附近 20 m 内，不得有烟火或者用火炉取暖。

（3）井口房内不得进行电焊、气焊和喷灯焊接等作业。如果必须从事电气焊等作业，必须持有经审批的报告和措施，有安监指定专人在现场检查和监督。电焊、气焊和喷灯焊接等工作地点的前后两端各 10 m 的井巷范围内，应使用不燃性材料支护，并有供水管路，有专人负责喷水，焊接前应当清理或者隔离焊碴飞溅区域内的可燃物。上述工作地点应当至少备有 2 个灭火器。

二、井口作业安全检查要求及方法

1. 井口房内作业安全检查要求及方法

（1）推车机在运行时，严禁道心站人。

（2）严禁在同一层罐笼内同时乘人和装物料。

（3）使用平板车和特殊型专用车提升物料时，必须遵守下列规定：

①不准超重、不准超长、超高和超宽。

②装车物料必须稳固，不偏载，捆绑牢固。

③车辆在罐内位置适当，稳固、牢靠。

（4）升降爆破材料时，火工人员应事先和井上下把钩工联系好，并经矿当日值班领导批准后才准装罐。爆破材料严禁在井口和井底附近存放。

（5）升降人员每罐所乘人数不得超过定员。

（6）人员上下罐时，不准两侧同时上下，必须一侧进，另一侧出。

（7）罐笼停稳后，必须由把钩工打开安全门和罐门，下完人后才准上人。任何人不得私自打开罐门抢上抢下。

（8）火工人员乘罐时，每层罐笼不得超过4人，其他人员不准同罐上下。

2. 井筒作业安全检查要求及方法

（1）工作前必须由专人与井口信号工、把钩工及提升司机取得联系，交清施工内容及要求。

（2）井口2 m内作业人员必须佩戴安全帽和合格的保险带，并拴在合格牢靠的位置上，穿好工作服，扣好纽扣，扎好袖口。严禁穿塑料底及带后跟的鞋工作。

（3）井上、下口井架上及井筒内不得同时作业，上口作业时，下口5 m内不准有人逗留，下口作业时，上口要设专人看好井口。

（4）井口作业必须烧焊或气割时，要制定专门措施报矿总工程师批准。电焊机的地线应搭在焊件附近，乙炔与氧气必须按规定分开放置。

（5）施工前要清除井口杂物，施工中要有防止工具、物体坠落的措施。施工中严禁说笑打闹。

（6）检修后要有工程负责人全面检查并组织有关人员验收，无问题后方可运行。

（7）斜井运送爆破材料时，必须提升前通知绞车司机和各水平蹲钩工注意，运送硝化甘油类炸药和电雷管，必须装在专用的带盖的有木质隔板的车箱内，且车箱内部铺有胶皮或麻袋等软质垫层，否则严禁运送。车辆运行速度不得超过2 m/s；不得同时运送人员和其他设备、材料或工具等。

（8）斜井登钩工每次挂钩完毕，必须对车辆各部位、保险绳连接装置等再详细检查一遍，看是否完好正确、牢固可靠，然后查看车辆运行方向有无障碍和隐患，确认安全后打开上部车场（或井口）挡车器（或挡车栏），进入躲避硐、信号硐室或安全地带，方准发开车指令。

（9）斜井提升时严禁登钩、行人。

第三节　矿井运输系统安全防护设施检查要求及方法

倾斜井巷内使用串车提升时为了防止跑车事故，必须安装防护设施。

一、防护设施安装位置的检查

（1）各车场应安设能够防止带绳车辆误入非运行车场或者区段的阻车器。

（2）上部平车场入口应安设能够控制车辆进入摘挂钩地点的阻车器。

（3）上部平车场接近变坡点处，应安设能够阻止未连挂的车辆滑入斜巷的阻车器。阻车器正常处于关闭状态，车辆通过时开启，通过后立即关闭。

（4）变坡点下方略大于1列车长度的地点，应设置能够防止未连挂的车辆继续往下跑车的挡车栏；挡车栏应为自动常闭且与绞车连锁。下放车辆时列车全部进入斜坡后挡车栏方可开启，车辆通过后挡车栏立即关闭。挡车栏应与进入斜坡的车辆有一定的安全距离，防止列车碰撞。

（5）倾斜井巷下车场变坡点上方略大于1列车长度的地点，应设置能够防止运行中断绳、脱钩的车辆阻止住的挡车栏。

（6）倾斜井巷的长度大于100 m时，巷道内应安设能够将运行中断绳、脱钩的车辆阻止住的跑车防护装置。

（7）兼作行驶人车的倾斜井巷，在提升人员时，倾斜井巷中的挡车装置和跑车防护装置应是常开状态并闭锁。

（8）斜巷防跑车系统应具有监视信号，当系统发生故障时，应发出报警信号。

（9）防跑车装置应有设计，并严格按照设计安装。

二、防护设施及其安装质量的检查

（1）斜巷轨道地辊要齐全、灵活可靠，地辊架要具有防脱闭锁功能，地辊之间一般间距为15 m，最大距离不超过25 m，以轨枕、道木无明显磨痕为准，巷道内变坡点处应增加地辊，变坡度数在15°以上的，在此变坡点处应装设大地辊，地辊坑内应清洁无杂物、积水。

（2）阻车器的检查：

①阻车器固定时必须采用加工配套部件固定在轨道上，不得安装在轨道接头位置。

②阻车器转动灵活、可靠，处于常闭状态。

③阻车器中心与轨道中心一致。

（3）挡车栏的检查：

①挡车栏要有足够的强度，挡车栏要固定在巷道装设的横梁上。

②挡车栏中心线应与轨道中心线重合。

③车挡应设计成单向迫开式，向上提车辆时，因系统发生故障，不能自动开启时，能使车辆顺利通过。

（4）信号、传感器和连锁的检查：

①声光信号清晰，音响准确，合乎防爆要求。

②传感器安装位置合理、动作可靠。

③系统各装置之间连锁符合要求，动作可靠。

【案例】绞车断绳跑车事故案例。

（1）事故经过。某矿某年2月5日在早晨矿生产调度会上，运输区汇报-430 m水平西第五绞车，提升钢丝绳钩头处钢丝绳已严重损坏，经研究决定于当日9时至11时进行处理。9时运输区检修工人已停车准备剁绳，运输区负责管理矿车的工人王某提出-480 m水平车场有6台矿车需提上来，经王某请示有关领导同意，王某蹬车下放到-480 m水平，王某安排登钩工挂上2台岩石车打点上提，当车运行至距变坡点下方20 m处，钢丝绳断绳，2台岩石车跑至井底车场掉道，将正在检查轨道的王某撞死，2台矿车撞坏报废。

（2）事故原因。

①"安全第一"的煤矿安全生产方针没有得到真正的落实，矿生产调度会已经定下来的处理时间，检修工人已经到场开始处理，就为了提升2台岩石车，就推迟了排除故障的时间，造成断绳跑车，车毁人亡的重大事故。

②安全教育不到位，《煤矿安全规程》规定，提升时严禁登钩、行人。检车工王某从-430 m水平登车下至-480 m水平车场，在上提2个岩石车的同时，仍站在绞车道下部车场轨道中间检查轨道。

③没有落实《煤矿安全规程》第三百八十七条的有关规定。

（3）防范措施。

①认真落实"安全第一"的安全生产方针，要强调安全、突出安全，在生产过程中把安全放在第一位。

②加强检查力度，发现隐患立即处理。

③完善安全装备；全面落实《煤矿安全规程》有关规定。

第四节　井下机车、防爆胶轮车及运输乘人装置等安全检查要求及方法

一、井下机车的检查

（一）井下机车及其运行的有关规定

（1）检查当年列车制动距离的测定记录：

①运送物料的不得超过 40 m。

②运送人员的不得超过 20 m。

③井下运送人员和运送物料机车牵引的矿车数量都应不大于测定列车的数量。

（2）检查井下是否有禁止使用的机车和装备。

（3）列车通过的风门，必须设有当列车通过时能够发出在风门两侧都能接收到的声光报警信号装置。

（4）列车或者单独机车均必须前有照明，后有红灯。

（5）巷道内应当装设路标和警标。

（6）机车的闸、灯、警铃（喇叭）、连接装置和撒砂装置，任何一项不正常或者失爆时，机车不得使用。

（二）蓄电池机车的检查

（1）车架不得有裂纹和明显变形，侧板及顶板凸出或凹入深度不得大于 20 mm，各处铆钉及螺栓不得松动，箱体各螺栓不得超出箱体外表面。

（2）碰头及连接装置：车碰头不得有严重损坏，弹簧无断裂，碰头伸缩长度不得小于 30 mm，不得有下垂现象。连接装置必须可靠，销子、销孔磨损不得超过原尺寸的 20%。

（3）轮对、轮箍（或车轮）踏面余厚不得小于原厚度的 60%，无凹槽。

（4）车轴不得有裂纹，划痕深度不得超过 2.5 mm，轴颈磨损量不得超过原直径的 5%。

（5）均衡梁、弹簧、吊架等不得有裂纹或严重磨损。板弹簧各片厚度要一致，组装时应涂油，承载时应保持弓形。

（6）齿轮罩（箱）固定牢靠，无变形、无裂纹，不漏油，不碰齿轮。

（7）制动装置灵活可靠，润滑良好。

（8）闸瓦磨损余厚不得小于 10 mm。闸瓦与车轮踏面的接触面积不小于 60%；完全松闸后其间隙为 2～3 mm。调整间隙的装置必须灵活可靠。制动螺杆与螺母的螺纹无严重磨损。

（9）撒砂装置灵活可靠，砂管畅通，管口对准轨面中心。

（10）控制器、换向和操作手把灵活准确，螺栓和销子齐全牢固，闭锁装置可靠。

（11）双侧司机室结构的机车，两台控制器之间的电气闭锁可靠有效。

（12）插销连接器和熔断器插接良好，闭锁可靠，无烧灼痕迹。熔断器熔体的材质及额定电流应符合要求。

（13）检查电气设备各连接导线是否连接完好，蓄电池之间的连线是否焊接牢固，橡胶保护套是否完好。箱盖连锁是否到位有效，电池箱是否固定牢固。

（14）电机车透气帽是否齐全紧固。

（15）蓄电池不渗漏。碱性蓄电池壳体无严重腐蚀及孔洞；酸性蓄电池电池槽和上盖无破损、变形，封口胶无裂纹。注液孔盖齐全完整，封盖紧密，排气良好。

（16）蓄电池安装牢固，橡胶套及绝缘隔板齐全完整，无碳化、老化或损坏。

（17）蓄电池箱固定牢靠，锁紧装置可靠。箱盖与箱体无变形，无破损，覆盖良好。绝缘衬垫齐全、完整、有效。蓄电池箱内不得积聚水、电解液及结晶体。

（18）照明灯及警笛（警铃）齐全完整。照明灯光洁明亮，照明距离不得小于 60 m；警笛（或警铃）声音清晰洪亮。机车防爆照明灯自动断电联锁机构可靠、有效，当玻璃灯罩向内推进约 5 mm 时，电源须可靠断开。

（19）润滑部件齐全，润滑良好。

二、防爆型柴油胶轮车的检查

（1）车体外观应完好、无开焊、变形，各部螺栓、螺母紧固；灭火器、瓦斯监测报警仪等附件配备齐全，状态良好。

（2）仪表、信号、照明齐全、工作稳定、显示准确。

（3）电气系统不失爆，工作正常，功能完善，性能稳定。

（4）柴油机不失爆、工作正常，无异常噪声，废气排气管温度不超过 150 ℃，排气缸排气温度不超过 70 ℃，冷却水温度不超过 95 ℃；油箱最大容量不得超过

8 h 用油量。

（5）传动系统、制动系统、液压系统、气压系统等工作稳定可靠。

（6）管路连接可靠，无漏油、漏水、漏气等现象。

（7）安全保护齐全，稳定可靠。

（8）驾驶员经过培训，有合格证。

三、架空乘人装置安全检查

1. 驱动装置

（1）主绳轮、导向轮绳槽磨损不超过原厚度的 1/3，驱动轮衬磨损余厚不小于原厚度的 1/3。轮缘、辐条无开焊、裂纹或变形，键不松动。轮转动灵活，无异常摆动，无异响。

（2）工作闸和安全闸的闸把及杠杆系统动作灵敏可靠，销轴不松旷、不缺油。闸轮表面无油迹。液压系统不漏油。松闸状态下，闸轮与闸瓦间隙不大于 2 mm；制动时，闸瓦与闸轮紧密接触，有效接触面积不小于原面积的 60%，制动可靠。闸带无断裂，磨损余厚不小于 3 mm。闸轮表面沟痕深度不大于 1.5 mm，沟槽总宽度不超过闸轮有效宽度的 10%。

2. 机座和基础

无变形损坏，螺栓紧固可靠。

3. 信号声光

齐全、吊挂整齐，完好、无失爆，通信装置完好畅通。

4. 架空装置

（1）钢梁无变形扭曲，螺丝紧固有效，焊缝不开焊。

（2）吊轮转动灵活，无异响。各部件螺栓紧固有效。托（压）绳轮衬圈磨损余厚不小于 5 mm，贴合紧密无脱离现象。

（3）钢丝绳的安全系数符合《煤矿安全规程》规定：断丝不超过 25%；磨损锈蚀不超限，插接长度不小于绳径的 1000 倍，绳间距不小于 0.8 m。

（4）吊钩装置各部件齐全完整，紧固有效，无开焊、裂纹或变形。摩擦衬垫固定可靠，无缺损；锁紧装置齐全有效，无变形。

5. 安全保护

（1）工作闸灵敏可靠。驱动装置必须有制动器，且动作灵敏可靠，起动时间应先于工作闸 2～4 s。

（2）沿线紧急停车开关装置、超速、乘人越位、防滑保护、坠砣位置（绳）检测等保护灵敏可靠。

（3）尾轮保险绳可靠，架空乘人装置与轨道运输混用的巷道，提升绞车和架空乘人装置之间的电气闭锁装置灵敏可靠。

6. 张紧装置

（1）坠砣基础螺栓紧固有效，焊接部分无开焊。活动滑轮上下移动灵活，不卡轮轴、不歪斜。坠砣上下活动灵活，不卡、不挤、不碰支撑架；配重安设稳固可靠。滑动架距滑道的极限位置不小于100 mm。收绳装置灵活可靠。

（2）尾轮轮衬磨损余厚不小于原厚的1/3。轮缘、辐条无开焊、裂纹或变形，键不松动，定期注油，转动灵活，无异响，无异常摆动，不脱绳。

第五节　井下输送机安全检查要求及方法

一、带式输送机安全检查要求及方法

1. 架体

（1）机头架、机尾架、拉紧装置架不得有开焊、变形和扭曲故障。

（2）机尾架连接紧固可靠。

（3）中间架应调平调直。输送带不跑偏。

2. 滚筒与托辊

（1）各滚筒表面无开焊、无裂纹、无明显凹陷。滚筒端盖螺栓齐全，弹簧垫圈压平压紧。

（2）包胶滚筒的胶层应使用阻燃和抗静电的胶料并与滚筒紧密贴合，不得有脱层和裂口。

（3）托辊齐全，转动灵活，无卡阻、无异响；逆止托辊能可靠工作。

3. 输送带拉紧装置

（1）张紧车架无损伤，无变形。车轮在轨道上运行自如，无异响。

（2）张紧车轨道无变形，连接可靠。

（3）牵引绞车传动平稳，无异响。制动装置灵活可靠，钢丝绳无断股，无严重锈蚀，在滚筒上排列整齐，绳头固定可靠。

（4）储带仓轨道应平直，且平行于输送机机架的中心线。

（5）液压张紧装置动作灵活，不漏油。

4. 输送带

（1）井下应使用阻燃输送带，输送带无破裂，横向裂口不得超过带宽的5%，输送带运行不跑偏。

（2）输送带接头的接缝应平直，接头牢固平整。

5. 制动装置、清扫器、挡煤板

（1）制动装置各传动杆件灵活可靠，各销轴不松旷，不缺油，闸轮表面无油迹，液压系统不漏油，各类制动器制动时，不得有迟滞、卡阻等现象。

（2）机头、机尾都必须装设清扫器，清扫器橡胶刮板必须用阻燃、抗静电材料，其高度不得小于 20 mm，并有足够的压力。与输送带接触部位应平直，接触长度不得小于带宽85%，并保持严密接触。

（3）挡煤板固定螺栓齐全、紧固，挡煤可靠。

6. 保护装置

（1）保护装置有滚筒防滑保护、温度保护、烟雾保护，防跑偏装置和洒水装置等，保护要齐全。

（2）保护装置设置的数量、位置适应，保护可靠。

二、刮板运输机安全检查要求及方法

1. 机头、机尾传动部

（1）机头、机尾架无明显的变形、无开焊、无严重损伤。减速机、电动机各部连接螺栓，齐全紧固。

（2）机头架、机尾架与过渡槽接口处的上下错口量不大于 2 mm，左右错口量不大于 3 mm。

（3）压链器连接牢固，磨损不超过 6 mm 整体链轮组件，盲轴安装正确，运行稳定，无噪声、无卡碰现象。

（4）电机、减速机、液力耦合器等传动装置的运转声音正常，油位、油质符合规定。液力耦合器必须使用合格的易熔合金塞。

2. 机身

（1）检查输送机大链松紧是否适当，有无"拧麻花"现象；链环和连接环有无损坏；刮板有无损坏和短缺。

（2）检查溜槽和过渡槽的磨损、变形和连接。

（3）护板、分（拨）链器无变形，运转时无卡碰现象。舌板不得有裂纹，最大磨损不得超过原厚度的20%。

（4）中部槽的封底板不得有明显变形。

（5）刮板弯曲变形不得大于 5 mm。中双链、中心单链刮板长度磨损不得大于 10 mm。

（6）刮板和链条连接用的螺栓、螺母型号规格必须一致。在运行中，螺母应逆向运行方向。

（7）防护罩无裂纹，无变形，连接牢固。

第六节　井下小绞车安全检查要求及方法

井下常用的小绞车有调度绞车、回柱绞车（慢速绞车）和无极绳绞车。小绞车多用于平巷、工作面和运程较短的斜巷。由于小绞车运行环境较差，管理不当，很容易发生断绳跑车，掉道挤人等事故。

（1）检查小绞车安装：

①小绞车的安装硐室支护达到合格，通风良好，其净高不小于 1.8 m，支护棚子距小绞车最近距离不小于 0.5 m，硐室内设备之间应留出 0.8 m 以上的间距。坡度小于 7‰ 的巷道中安装牵引绞车时，绞车可安装在巷道一侧，绞车机体最突出部位距离轨道外侧不小于 400 mm，绞车附近 30 m 范围内不得安装风机。

②小绞车使用期限在 6 个月以上应用混凝土基础固定，基础规格大于小绞车底座几何尺寸 0.6 m 以上，地角螺丝必须采用标准做法，丝扣长度不小于 400 mm，直径不小于 18 mm，长度不小于 1.2 m。

③小绞车使用期限在 6 个月以内，必须用 18 号槽钢制作坚固的底盘，底盘上必须带有防滑护圈的戗压柱窝，用直径不小于 18 mm 的标准件螺丝将绞车固定在自加工的底盘上，然后用戗压柱和地锚固定。前边两颗为迎压戗柱，戗柱角为 65°～75°，后边两颗为压柱。垂直顶板，柱根要打在柱窝内。不准加楔，压柱使用原木时，其直径不小于 150 mm，严禁用戗压柱代替硐室的棚子支柱，戗压柱距操纵杆的间距不小于 150 mm，地锚可用直径为 20 mm 的圆钢制作，长度不小于 1.5 m，用直径 15.5 mm 的钢丝绳将地锚与绞车连在一起，固定牢固。

④小绞车必须安装平稳、牢固、方便操作，不爬绳、不咬绳、不跳绳。

（2）小绞车提升信号必须是声光信号，且清晰可靠，有醒目的（行车不行人，行人不行车）标志。

（3）小绞车的提升钢丝绳：

①小绞车提升钢丝绳必须按规格使用。钢丝绳在滚筒上排列整齐，不得超过小绞车滚筒的容绳量，全部放开后滚筒最少余绳不小于 3 圈。

②小绞车提升钢丝绳钩头必须采用插接式并加装护绳桃型环，插接长度不小于钢丝绳直径的 20 倍。

③临时提升的小绞车采用钢丝绳卡子接钢丝绳钩头时（包括卡接地锚），卡紧度应使钢丝绳被压扁尺寸大于三分之一直径，前末两端卡子"U"形螺丝应卡

在副绳上，中间一个卡在主绳上，不得一顺使用。螺丝不滑扣，钢丝绳头不得散股、断丝、变形。

④小绞车提升坡度不超过12°时，必须装设保险绳，保险绳的绳径与插接方式，插接长度同主绳的连接方式采用环套环式。

（4）小绞车斜巷长度超过20 m，必须装地滚，无论斜巷长度多少，其上变坡点处必须装地滚。小绞车斜巷有起伏时，要安装天轮，斜巷甩道及甩道侧帮要装立轮，甩道道心要装导向轮，天轮与立轮的安装数量以不磨绳为准。

（5）小绞车斜坡提升必须装设防跑车装置，数量齐全，安装位置合适。

（6）绞车制动闸和工作闸（离合闸）闸带必须完整无断裂，磨损余厚不得小于4 mm，铜或铝铆钉不得磨闸轮，闸轮磨损不得大于2 mm，表面光洁平滑，无明显沟痕，无油泥；各部螺栓、销、轴、拉杆螺栓及背帽、限位螺栓等完整齐全，无弯曲、变形；施闸后，闸把位置在水平线以上30°～40°即应闸死，闸把位置严禁低于水平线。绞车滚筒无裂纹、破损或变形；固定螺栓和油塞不得高出滚筒表面。

（7）小绞车司机必须经过培训，持证上岗。

第七节　井下轨道及人力推车安全检查要求及方法

一、井下轨道

（1）主要运输大巷，水沟盖板要齐全、稳固，管线、电缆按标准敷设，人行道上禁止堆放物料，无浮矸杂物。

（2）人车停车地点的巷道上下人侧，从巷道道碴面起1.6 m的高度内，必须留有宽1 m以上的人行道，管道吊挂高度不得低于1.8 m。

（3）在双轨运输巷中，2列列车最突出部分之间的距离，对开时不得小于0.2 m，采区装载点不得小于0.7 m，矿车摘挂钩地点不得小于1 m。

（4）由地面直接入井的轨道必须在井口附近将轨道进行不少于2处的良好的集中接地。

（5）低瓦斯矿井使用架线电机车的主要运输巷道内是否有可燃性材料支护。

（6）轨道道钉、扣件、鱼尾板、螺栓、弹簧垫与轨型配套，规格符合要求，数量齐全、密贴、紧固。

（7）检查主要运输巷道轨道的铺设质量应符合下列要求：

①扣件必须齐全、牢固并与轨型相符。轨道接头的间隙不得大于5 mm，高

低和左右错差不得大于 2 mm。

②直线段 2 条钢轨顶面的高低差，以及曲线段外轨按设计加高后与内轨顶面的高低偏差，都不得大于 5 mm。

③直线段和加宽后的曲线段轨距上偏差为 +5 mm，下偏差为 −2 mm。

④在曲线段内应设置轨距拉杆。

⑤轨枕的规格及数量应符合标准要求，间距偏差不得超过 50 mm。

⑥轨枕下的道碴应捣实。道床应经常清理，应无杂物、无浮煤、无积水。

⑦道岔的钢轨型号，不得低于线路的钢轨型号。

（8）采用架线电机车运输时，架空线及轨道应当符合下列要求：

①架空线悬挂高度、与巷道顶或者棚梁之间的距离等，应当保证机车的安全运行。

②架空线的直流电压不得超过 600 V。

③轨道应当符合下列规定：

a）两平行钢轨之间，每隔 50 m 应当连接 1 根断面不小于 50 mm² 的铜线或者其他具有等效电阻的导线。

b）线路上所有钢轨接缝处，必须用导线或者采用轨缝焊接工艺加以连接。连接后每个接缝处的电阻应当符合要求。

c）不回电的轨道与架线电机车回电轨道之间，必须加以绝缘。第一绝缘点设在 2 种轨道的连接处；第二绝缘点设在不回电的轨道上，其与第一绝缘点之间的距离必须大于 1 列车的长度。

d）在与架线电机车线路相连通的轨道上有钢丝绳跨越时，钢丝绳不得与轨道相接触。

二、人力推车

（1）一次只准推 1 辆车。严禁在矿车两侧推车。同向推车的间距，在轨道坡度小于或者等于 5‰时，不得小于 10 m；坡度大于 5‰时，不得小于 30 m。

（2）推车时必须时刻注意前方。在开始推车、停车、掉道、发现前方有人或者有障碍物，从坡度较大的地方向下推车，以及接近道岔、弯道、巷道口、风门、硐室出口时，推车人必须及时发出警号。

（3）严禁放飞车和在巷道坡度大于 7‰时人力推车。

（4）不得在能自动滑行的坡道上停放车辆，确需停放时必须用可靠的制动器或者阻车器将车辆稳住。

（5）人力推车前必须和运输调度联系好，经运输调度批准后方可推车。

第六章 矿井"一通三防"系统安全检查

第一节 通风系统安全检查要求及方法

矿井通风系统担负着向井下输送足量新鲜空气供人呼吸，排放瓦斯煤尘，创造井下良好作业环境的重要任务。对其实施安全检查的重点：一是通风系统的完善性，矿井必须采用机械通风，有完备的进回风系统；二是通风系统的可靠性，必须供给井下足量新鲜空气，保证井下风流连续、稳定、可靠；三是矿井通风管理的有效性，应适应矿井安全生产的要求。

一、通风系统完善性的安全检查

检查是否存在：

（1）无主要通风机，采用自然通风。

（2）用局部通风机或局部通风机群当主要通风机使用。

（3）无独立进回风系统。

（4）主要通风机无独立双回路供电，经常停电。

（5）主要通风机无管理制度，经常停开。

发现以上其中之一时要停止矿井生产。

二、通风系统可靠性的安全检查

检查是否存在：

（1）主要通风机供风量小于井下需风量。

（2）主要通风机在不稳定区或其附近工作。

（3）风流不稳定、无风、微风或反向。

（4）不合规定的串联通风。

三、主要通风机的安全检查

（1）风机状况及其变化。

（2）电压、电流的稳定情况。

（3）风机故障情况。

（4）有无同能力的备用风机。

（5）有无反风能力。

（6）是否双回路供电，电气保护装置是否齐全、可靠。

四、井巷通风的安全检查

（1）风速是否符合规定。

（2）断面形状、规格、尺寸是否符合要求。

五、矿井通风设施的安全检查

（1）反风设施是否完好。

（2）风门、风桥、测风站、密闭墙，重点是风门和密闭墙是否符合规定。

六、矿井漏风的安全检查

检查矿井内部漏风和外部漏风，外部漏风率在无提升设备时不得超过 5%，再有提升设备时不得超过 15%。漏风率超过规定时要查明原因。

七、矿井通风管理的安全检查

主要检查的内容：一是通风资料、牌板、管理制度、记录、通风旬（季）报表；二是通风测定报告，包括阻力测定报告、主要通风机性能测定报告、反风演习报告；三是通风管理机构。

（1）检查矿井是否有通风系统图、通风系统示意图、通风网络图、避灾路线图。

（2）检查矿井通风图件是否准确反映实际，重点检查风流方向、用风点风量、通风设施位置等，主要图件要求每季绘制，按月补充修改。

（3）检查矿井是否具备局部通风管理牌板、通风设施管理牌板、通风仪表管理牌板；牌板是否与实际相符；采用井上下对照的方法进行检查。

（4）查阅通风管理制度及其执行记录。

（5）检查通风记录、报表，采用井上下对照的方法进行。

（6）检查通风测定报告，主要查报告中的测定时间和数据可靠性；矿井至少 10 天进行一次全面测风，采掘工作面根据实际的需要随时测风。

（7）按有关规定检查通风管理机构与管理人员。

八、采区通风的安全检查

采区是一个独立的生产系统，且瓦斯涌出集中，产尘量大，工作面又处于移动之中，容易因通风不好而引发事故。采区通风与瓦斯、煤尘和火灾防治的关系密切，安全检查中要进行综合评价。现场安全检查的重点：一是采区通风系统的完备性及其抗灾防灾能力；二是采煤工作面上行反向通风时上隅角，这是采煤工作面瓦斯浓度最高的区域，当回风流瓦斯浓度 0.7% ~0.8% 时，上隅角瓦斯就可能超限；三是采煤机机组附近，这是瓦斯涌出集中，产尘量大的地点；四是采煤工作面回风巷，这是瓦斯可能超限地点。

检查的主要内容与方法如下：

（1）工作面的配风量是否符合《煤矿安全规程》规定。

（2）风速是否超过《煤矿安全规程》规定。

（3）采区巷道断面是否影响通风的要求。

（4）工作面的温度是否超过 26 ℃。

（5）采区巷道是否有无风的地点。

（6）工作面（回采）与相邻掘进道口是否有 1 次以上的串联通风。

（7）采煤工作面与硐室工作面是否有 1 次以上的串联通风。

（8）工作面是否用局部通风机通风。

（9）采区内的回风是否是专用回风道。

（10）是否有一段为入风一段为回风情况。

（11）突出工作面是否采用下行通风。

（12）采区内的漏风是否进入采空区。

（13）采区内是否有控制风门。

（14）采区内的风量是否能进行调节。

（15）采区内的角联网络是否稳定。

九、掘进通风的安全检查

掘进巷道常采用局部通风设备通风，可靠性容易受到干扰而发生事故。掘进通风的安全检查的重点：一是通风系统的完备性，必须具备完备的通风系统，采用局部通风机通风或全风压通风，禁止扩散通风；二是通风的可靠性，重点是局部通风机的安全可靠运转和风筒管理。

1. 局部通风机的安全检查

（1）风机是否为低噪声，或安设消音器。

（2）风机有无整流器、高压垫圈及吸风罩，入风处有无风流净化装置。

（3）压入式通风时，风机是否安设在进风流中，距巷道回风口是否大于10 m。

（4）风机吸风量是否小于全风压供给该处的风量，是否产生循环风。

（5）风机吊挂是否结实。

（6）安装在底板的风机是否加垫，垫高是否大于300 mm，是否牢靠。

（7）风机是否有"三专两闭锁"装置，是否有效使用。

2. 风筒的安全检查

（1）检查是否使用抗静电阻燃风筒。

（2）是否环环吊挂，做到"两靠一直"（靠帮、靠顶、平直）。

（3）末节风筒距工作面的距离，岩巷是否不大于10 m,煤巷是否不大于5 m。

（4）风筒分叉有无三通，拐弯是否平缓。

（5）风筒间接头是否漏风，风筒有无破口。

3. 掘进通风管理的安全检查

（1）是否有完整的局部通风设计。

（2）通风机是否指定专人负责，保证正常运转。

（3）通风机停风时，是否立即撤出人员。

（4）通风机串联运转时风量风压是否匹配。

第二节　瓦斯防治系统安全检查要求及方法

一、矿井瓦斯抽放系统的安全检查

瓦斯抽放系统安全检查的重点：一是抽放系统的安全性，抽放系统必须有专门的设计和安全措施；二是采抽关系，如果这种关系失调，在采掘过程中必然受到严重的瓦斯威胁，不仅生产掘进不能正常进行，还可能酿成重大事故。

1. 抽放合理性、完备性的检查

（1）抽放系统的合理性必须符合《煤矿安全规程》第一百八十一条的规定。现场检查时，应根据资料综合分析。

（2）抽放系统完备性的检查主要是指检查是否具备瓦斯抽放所必需的设施设备和相关的安全设施、检测设施、放水设施等。

2. 采抽关系的检查

检查时，要查预抽区抽放瓦斯与采煤、掘进的关系，即所谓的采抽比关系。

一个采区开采时必须有几个采区抽放瓦斯，这是一个非常复杂的计划安排过程，它跟一个矿井的井型、每个采区的可采量、生产能力、开采时间、准备时间、抽放时间、抽出率等多种因素有关。在检查中要遵循已抽放后的保护的煤量大于年产量的原则，否则就是抽放不充分。在开采时，要采取边采边抽或其他安全措施。

3. 瓦斯抽放泵站的检查

（1）检查泵房是否用不燃性材料构筑。

（2）地面泵房有无雷电保护装置。

（3）泵站距进风井口和主要建筑物的距离是否大于 50 m，有无栅栏和围墙保护；地面泵房周围 20 m 范围内是否有明火。

（4）是否备用 1 套瓦斯泵及附属设备。

（5）泵房内的电气设备及仪表是否采用防爆型，有无安全措施。

（6）泵房内有无电话直通矿调度室。

（7）检测瓦斯浓度、流量、压力的仪表是否齐全。

（8）是否有专人值班，经常检查管路中的瓦斯浓度，抽放泵的运转记录及修泵时间、措施如何。

（9）瓦斯利用泵房是否在停泵时通知用户。

（10）干式抽放瓦斯泵吸气管路中，以及瓦斯利用的抽放泵吸气和出气的管路中，是否有防回火、防回气和防爆炸安全装置。

（11）利用时，抽放的瓦斯浓度是否小于 30%。

（12）利用的干式抽放设备时，抽放的瓦斯浓度是否小于 25%。

4. 瓦斯抽放主要管路的检查

（1）检查瓦斯抽放主要管路是否按计划施工接设。

（2）其主要管路管径是否符合有关的规定。

（3）管路是否靠帮，吊挂的管路是否每一节用 2 根铁丝吊牢。

（4）管路之间的连接螺丝是否带满。

（5）管路是否有漏气（进气）、破孔洞；在过 2 条巷道的交叉处是否能保证通车行人。

（6）管路中有无防止同带电物体接触和砸坏管路的措施。

（7）管路低洼处是否有放水装置。

（8）管路是否有一定数量的测孔。

瓦斯管路会出现的主要问题有：水堵塞瓦斯管路，造成抽放区、抽放钻场、钻孔正压，严重的造成大量瓦斯涌出；瓦斯管被砸坏，进入空气，造成抽放浓度降低。

5. 瓦斯抽放区、抽放钻场、钻孔的检查

对一个矿井来说，瓦斯抽放区可分为预抽区、边采边抽及采空区。因此，在检查时可分开进行。

（1）预抽区的钻场，钻孔及管路的检查内容有：

①钻场之间的距离，钻孔的布置，抽放负压，钻场及钻孔的施工管理（包括检查、测量）。钻场、钻孔之间的距离可根据抽放的影响半径来确定，一般说来钻场距离在影响半径之内为好，但也不是越近越好，可根据矿井实际情况而定。

②检查时可根据矿井所定的距离进行检查。每个钻场的断面（长、宽、高）支护形式应以摆开钻机为宜，长度不应超过 6 m，支护应完好、无活石。钻孔布置应按设计图纸施工，钻孔应打到煤层顶板，封孔要严密不漏气。钻场中要有栅栏、警标、检查牌板、钻孔布置牌板，有负压表和测孔及放水器。

③钻场、钻孔的施工要制定安全措施，尤其是打突出煤层的钻孔，要有打钻防突的安全措施。其措施内容有：钻孔见煤之前，先将排放瓦斯管路铺成，实行边钻边抽或将钻孔中的瓦斯引入回风道中；钻杆同管口接触处，要用耐磨、不燃性材料封堵严密；加大施工钻场的风量；安设瓦斯自动检测报警断电仪或瓦斯检定器，经常进行检查；保持施工中的钻孔有一定的抽放负压。当抽放系统发生故障、碰见顶钻、瓦斯大量涌出、钻孔内有响声时，要立即停止进钻并撤人。

（2）边采（掘）边抽的现场检查内容包括：

①边抽率是否达到设计指标。

②钻场密度是否满足设计抽放量的要求。

③钻孔抽放负压是否大于通风作用在该处钻孔的压差。

④钻孔开孔位置是否布置在围岩稳定的煤层中，终孔是否打到瓦斯密集的破裂区域（带）。

⑤封孔是否严密不漏气，封孔深度煤层中是否大于 5 m，岩石中是否大于 3 m。

⑥钻场是否是专用的，钻孔布置方式、深度和角度大小是否在设计中明确规定。检查时发现问题要及时整改，尤其是要避免钻孔出现正压、瓦斯大量涌出及抽放瓦斯管路堵塞现象。

（3）采空区抽放瓦斯的现场检查内容包括：

①抽放点必须用不燃性材料建筑永久性密闭，其厚度不得小于 500 mm，每个密闭前都要设反水池，要设灌浆管。

②每个抽放钻场的抽放瓦斯管上都要设有阀门、观测孔、流量计（或流量

孔）、水柱计和放水装置。在检查时主要检查漏气情况和孔内温度，当温度高时，要及时通知有关人员灌浆注水，以防采空区着火。

二、煤与瓦斯突出防治的安全检查

1. 区域性防突措施的检查

（1）预抽瓦斯。当突出煤层的透气性较好时，应采取预抽瓦斯措施，如果没有采取就不合格。

（2）开采保护层。检查保护层与被保护层间的距离是否满足要求；保护层的保护范围是否合理。

（3）效果检验。预抽煤层瓦斯或开采保护层以后，必须进行效果检验。主要检查指标有：煤的破坏类型，瓦斯放散初速度，煤的坚固性系数，煤层瓦斯压力等，其中有 1 项指标不合乎要求，说明突出危险依然存在，还需要重新采取措施。

2. 突出煤层中施工的安全检查

（1）突出煤层中施工的通风系统的现场检查。突出煤层施工中应该具备独立回风系统，在现场检查中，发现突出煤层施工的回风进入其他采掘区域时，要立即停止工作，并追究责任。

（2）突出矿井巷道布置的现场检查。如果不合乎要求，要通知有关部门立即整改。

3. 局部防突措施的安全检查

（1）石门揭穿突出危险煤层时的主要检查项目：

①在石门工作面距突出煤层 10 m 以内是否有防治突出的专门设计和措施，如果没有设计和专门措施时，应立即停止石门掘进。

②石门是否布置在地质构造复杂的破坏地带，检查时可以根据巷道布置的地质资料剖面图对照检查。石门与突出煤层中已掘巷道贯通时，该巷道应超过石门贯通位置 5 m 以上，并保持正常通风。

③对石门揭穿突出危险煤层专门设计内容的检查应对照专门设计图纸以及施工取岩芯记录资料进行。在石门距煤层 10 m 时，应打 2 个穿煤层全厚的钻孔，钻孔一直打到煤层顶（底）板不小于 0.5 m 处，其倾角不同，可以保证确切掌握煤层厚度、倾角变化、地质构造和瓦斯情况。

④在距突出煤层 5 m 时打 2 个测压钻孔，测定突出煤层的瓦斯压力，当瓦斯压力大于 1 MPa 时，必须采取防突措施；只有当瓦斯压力小于 1 MPa 时，才能揭穿石门。现场检查时，既可查看实测瓦斯压力资料，也可实际观察现场实测孔的

压力表。

不管采取哪种防突措施，都必须进行效果检验的检查，如果检验结果中有1项达不到要求，不能揭穿突出煤层。

（2）煤巷掘进的防突措施检查。检查内容包括：是否有煤巷掘进的专门防突措施；是否布置2个相向的工作面同时回采；是否有安全防护措施。

（3）管理措施的检查。管理措施包括组织领导、人事安排、经费、管理制度、图纸资料台账以及培训等内容。

组织机构及各种记录、计划的检查中，重点检查矿的防突机构、是否有年度计划、是否每月召开一次防突领导小组会、是否有会议记录；检查防突专业组各种防突措施的编制、矿领导的审批意见。

综合防突措施的检查主要内容有：突出危险性预测、防治突出措施、效果检验、安全防护措施，对现场作业人员的培训及发证等。

三、矿井瓦斯管理的安全检查

1. 主要入风井筒与大巷的检查

矿井主要入风井筒、大巷，在一般情况下不会出现瓦斯问题，但是，有的入风井筒大巷穿过煤层或打在煤中，有的穿过与煤层相通的地质破坏带，有的距煤层较近、已采区密闭不好等，风流中可能出现瓦斯浓度超过0.5%的现象。

检查时发现风流瓦斯浓度超过0.5%时，要立即通知通风部门和矿总工程师检查原因并进行处理；当发现有局部瓦斯积聚时，要通知通风部门采取措施进行处理，在20 m半径范围内停止一切机电设备运转；在架线或机车的大巷中出现瓦斯积聚时，要切断电源，进行处理。

2. 主要回风井筒与回风大巷的安全检查

《煤矿安全规程》第一百七十一条规定，矿井总回风巷或者一翼回风巷中甲烷或者二氧化碳浓度超过0.75%时，必须立即查明原因，进行处理。

四、采区瓦斯防治与管理的安全检查

重点检查：采区瓦斯治理是否有效，是否存在瓦斯积聚；瓦斯管理制度是否健全和有效执行；应急措施和避灾路线是否完善。

（1）采区入风巷道风流中的瓦斯超过0.5%是否采取措施，是否按规定切断电源。

（2）工作面风流瓦斯及回风道的瓦斯达到1.0%时是否停止电钻打眼。

（3）工作面风流瓦斯超过1.5%时是否停止工作，撤出人员，切断电源，进

行处理。

（4）爆破地点附近 20 m 以内风流中瓦斯在 1.0% 时是否爆破。

（5）电动机或其开关附近 20 m 以内风流中瓦斯达到 1.5% 时，是否停止运转，撤出人员，切断电源，进行处理。

（6）采区内有无体积大于 0.5 m³，浓度达 2.0% 的瓦斯积聚。

（7）瓦斯积聚附近的 20 m 内是否停止工作，撤出人员，切断电源，进行处理。

（8）采掘工作面风流中二氧化碳达到 1.5% 时是否停止工作，撤出人员，查明原因，采取有效措施，进行处理。

（9）排放瓦斯有无安全措施。

（10）排放瓦斯时是否有瓦斯检查员在场。

（11）瓦斯或二氧化碳浓度超过 3.0% 时，是否制定排放措施，由总工程师批准。

（12）煤与瓦斯突出工作面是否配有专职瓦斯检查工。

（13）高瓦斯工作面是否每班检查瓦斯 3 次，低瓦斯工作面是否每班检查瓦斯 2 次。

（14）工作面是否有瓦斯检查牌板（检查箱），是否认真填写。

（15）瓦斯检查是否有记录，是否做到检查牌板（检查箱）、记录、汇报三对口。

（16）瓦斯检验工检查记录是否随身携带，记录是否齐全。

（17）瓦斯检验工是否在现场交接班，有无脱岗现象，有无漏检行为。

（18）检查仪器是否完好、准确。

（19）工作面是否执行"一炮三检"制和"三人连锁爆破"制度。

（20）在停风区内是否有人作业。

（21）停风区是否有栅栏、警标、禁止人员进入。

五、掘进工作面瓦斯防治与管理的安全检查

安全检查的重点：一是工作面风流中的瓦斯是否超限；二是瓦斯超限时是否按《煤矿安全规程》要求采取了措施；三是是否存在瓦斯积聚；四是瓦斯监测传感器的设置、报警、断电浓度及控制断电范围的设定是否符合规定；五是瓦斯检查是否按规定执行。

（1）检查进风流瓦斯或二氧化碳浓度是否超过 0.5%，氧气浓度是否低于 20%。

（2）工作面及其回风道风流瓦斯浓度超过1.0%时是否停止煤电钻打眼。

（3）工作面瓦斯或二氧化碳浓度超过1.5%时是否停止工作，撤出人员，切断电源。

（4）爆破地点附近20 m内瓦斯浓度超过1.0%时是否停止爆破。

（5）电动机附近20 m内瓦斯浓度达到1.5%时是否停止运转，撤出人员，切断电源。

（6）是否存在体积大于0.5 m^3 空间内积聚浓度达到2.0%的瓦斯集聚现象，存在时附近20 m内是否停止工作，撤出人员，切断电源，进行处理。

（7）瓦斯浓度达3.0%，其他有害气体超过规定不能立即处理时，是否在24 h内封闭。

（8）是否执行瓦斯检查制度、"一炮三检制"。

（9）瓦斯检查工是否配齐，是否持证上岗。

（10）工作面是否设置瓦斯检查牌板，是否认真填写。

（11）瓦斯检查工检查记录是否随身携带，填写是否齐全、认真，有无脱岗现象。

（12）瓦斯检测仪器是否完好，定期进行调校，其精度符合要求。

（13）瓦斯监测传感器是否按规定设置和使用。

【案例】某矿"9·4"重大瓦斯爆炸事故。2008年9月4日8时35分，某矿北八路斜下探查道二平巷掘进工作面右前方的一平巷六上山采空区发生一起重大瓦斯爆炸事故，造成27人死亡，2人重伤，4人轻伤，直接经济损失887.4万元。

（1）事故经过。2008年9月4日白班，小班出勤41人。7时30分，班长组织召开班前会，安全教育后，布置井下工作，其中：采煤工作面14人，二平巷掘进工作面11人，采煤工作面回风道维修5人，各段提升及辅助人员11人。8时10分，人员陆续抵达作业地点。

8时35分，生产矿长、班长及通风班长到达主井井底车场，一段盲斜主井绞车司机来电话说"四段盲斜主井把钩工下边可能出事了"。三人听到这个情况后迅速往下跑，到达四段盲斜主井绞车处，看到把钩工受伤，并说"可能是瓦斯爆炸了"。为了查明情况，三人沿四段盲斜主井往下走，在200 m和300 m处见到零点班工人李某、白班工人张某和洪某，其中李某、张某受伤，洪某已死亡。再往下走50 m到四段盲斜主井和盲斜副井联络道岔口处，又见到1人死亡。三人见前面有烟，不敢再前行，9时30分退到四段盲斜主井上部车场，生产矿长向地面的经营矿长（主持工作）汇报说"井下发生瓦斯爆炸，已发现2人受伤2人死亡"。经营矿长立即向矿长汇报，同时向政府报告。

（2）事故直接原因。二平巷掘进工作面与一平巷的六上山采空区煤柱小于最小爆破抵抗线，六上山采空区瓦斯积聚的浓度达到爆炸界限，掘进工作面爆破引起采空区瓦斯爆炸。

（3）事故间接原因。

①该矿负责人及其有关管理人员法律意识淡薄，无视政府监管，不执行北八路斜下探查道停止生产的安全监管指令；监管部门到矿检查时，在二平巷掘进工作面上部打假密闭掩盖违法生产行为，逃避检查，检查后擅自开启密闭违法组织生产，违章指挥工人作业。

②该矿井下现场管理混乱。二平巷掘进工作面采用国家禁止的巷道式方法采煤，无作业规程；掘进施工随意测量、给方位，乱采乱掘；井下爆破作业不执行"一炮三检"和"三人连锁爆破"制度；爆破时不使用水炮泥，经常用煤块、岩粉封堵炮眼。

③该矿"一通三防"管理混乱。二平巷掘进工作面未设置甲烷传感器，其回风串入采煤工作面；采煤工作面入风侧未设置甲烷传感器，未按规定设置隔爆设施；采空区不及时封闭；采、掘工作面未配备专职瓦斯检查员和安全检查工；不执行瓦斯检查员井下交接班制度，在地面交接班，经常出现空岗、漏检现象；瓦斯检查员数量不足，6名瓦斯检查员有4人未经安全培训，无证上岗作业；矿井管理人员、瓦斯检查员、电工、班长等人员下井均未按规定携带便携式甲烷检测报警仪。

④该矿井技术管理不到位。两名技术管理人员，其中一人年龄70岁，另一人患有心脏病，很少入井，凭汇报填图，不能深入井下研究解决安全生产技术问题；二平巷掘进工作面未编制作业规程，未制定安全技术措施，也未向现场作业人员告知安全注意事项。

⑤该矿安全管理机构不健全，安全管理制度不落实。未按规定配备专职安全检查人员；未认真执行管理人员下井带班制度，跟班矿长、班长未做到与工人同下同上，矿长很少下井；新工人入矿不经安全培训就下井作业。

⑥市、区、镇煤炭安全监管人员工作不到位。监管工作流于形式。

（4）防范措施。

①严格执行国家有关煤矿安全生产的法律法规，认真落实国家、省、市有关煤矿安全生产的各项工作要求；严禁巷道式采煤；严禁打假密闭掩盖井下违法生产行为；严格执行上级部门停止生产的安全监管指令，依法组织生产，杜绝违章指挥。要立即封闭事故掘进工作面。

②加强井下现场管理。严禁无作业规程作业；掘进作业必须按井巷设计及作业规程的要求由专业人员给定方位、坡度进行施工；井下爆破作业必须执行"一炮三检"和"三人连锁爆破"制度，必须按规定封堵炮眼。

③加强矿井"一通三防"管理。采、掘工作面必须实行独立通风，确保通风系统安全可靠；按照规定设置隔爆设施；及时封闭采空区和盲巷；要配备足够的经相关机构培训合格取得相应资格的瓦斯检查员，采、掘工作面必须配备专职瓦斯检查员，及时检查瓦斯、一氧化碳等有害气体情况，杜绝超限作业，严格执行现场交接班制度和瓦斯检查制度，严禁空岗漏检；采、掘工作面必须配备专职安全检查工，安全检查工负责施工过程中的安全检查工作。严格按照《煤矿安全监控系统及检测仪器使用管理规范》（AQ 1209—2007）的要求安装和使用安全监控系统，切实发挥安全监控系统的作用。矿井管理人员、瓦斯检查员、电工、班长等人员下井必须按规定携带便携式甲烷检测报警仪。

④加强技术管理。按规定设立技术管理机构，配齐各种专业技术人员，根据井下实际及时填绘图纸；井下采掘作业必须编制作业规程，制定安全技术措施，并按规定报批和贯彻。

⑤健全矿井安全管理机构，落实安全管理制度。矿井必须配备足够的专职安全管理人员，确保每班都有专职安全检查人员对井下安全生产进行监督检查。严格落实企业法定代表人和管理人员下井带班制度，法定代表人必须按规定数量下井，带班人员和班组长与工人同下同上，深入采掘工作面，抓安全生产重点环节。

⑥加强安全教育和培训，增强职工安全意识和防范能力。进一步建立健全培训制度，新工人未经培训不得下井作业；特种作业人员未经培训合格严禁上岗作业；要加强职工的安全思想教育，不断提高职工的自我防范意识和反"三违"的自觉性。

第三节　防尘系统安全检查要求及方法

一、矿井防尘系统的安全检查

矿井防尘系统检查的重点：一是检查防尘洒水系统的有效性，水量、水压、供水管路是否满足矿井降尘的需要；二是检查矿井喷雾降尘、洒水降尘等工作是否正常进行以及降尘效果等。

（1）蓄水池容积水量是否满足矿井防尘洒水的需要；水压是否达到洒水、

注水的要求。检查时，根据注水钻场注水量与洒水量之和确定全矿需水量。一般情况下有水源补充时，蓄水池水量应为矿井日需水量的 2 倍以上；如果水源补充不及时应为日需水量的 10 倍。

（2）供水管径能否满足需要；大巷供水管路每 50 m 是否设置调节阀门；供水管路是否靠帮靠顶，不漏水；供水管路通过巷道交叉处时是否妨碍行人和通车。检查时应根据用水量和压力进行检查，发现供水不足，管径小，漏水或堵塞时，要及时通知整改。

（3）工作地点喷洒头是否足够；喷雾时是否呈雾状；水质是否清洁，不清洁时有无过滤装置。检查时主要检查井下煤仓、溜煤眼、翻罐笼、装煤转载点的喷雾装置及其使用。

（4）井巷清扫、冲洗是否正常进行。检查时检查巷道有无积尘。

（5）矿井是否有完备的防尘资料，包括煤尘爆炸鉴定报告、矿井综合降尘措施、清扫煤尘记录、防尘洒水系统图、注水钻场、钻孔台账、防尘洒水月报、季报等。

【案例】某矿"5·18"特大煤尘爆炸事故。

（1）事故经过。2004 年 5 月 18 日 18 时 18 分，该矿井下维修硐室发生爆炸事故，当时井下共有 34 人。18 时 40 分，该矿向地方政府报告了事故情况。接到事故报告后，迅速组织救护队赶赴事故现场进行抢救。20 时 50 分，一个小队开始入井进行侦察，搜索遇险人员。5 月 19 日 0 时 40 分，成功救出 1 名井底放煤工。截至 6 月 5 日，33 名遇难矿工尸体全部找到，抢救工作结束。

（2）直接原因。该矿煤尘具有爆炸危险性，但该矿不按规定采取防尘措施，井下生产运输过程中大量煤尘飞扬，致使井下维修硐室的煤尘达到爆炸浓度；工人违章在维修硐室焊接三轮车时产生的高温焊弧引爆煤尘。

（3）间接原因。

①该煤矿在采矿许可证、煤炭生产许可证及营业执照已过期且未经验收合格的情况下，违法组织生产。

②该煤矿安全生产管理混乱。违反《安全生产法》和《煤矿安全规程》的规定，没有保证矿井防尘方面的资金投入，没有建立完善的矿井防尘供水系统，南、北煤库均未安设喷雾洒水装置，没有预防和隔绝煤尘爆炸的措施。

③没有采取及时清除巷道中的浮煤、清扫或冲洗沉积煤尘、定期撒布岩粉等措施。

④井下布置了 19 个掘进头，通风系统紊乱，无法将矿尘稀释排出。

⑤工人违章长期在井下使用电焊机。

⑥在没有消除矿井存在的重大事故隐患的情况下，违章指挥工人进行生产。

（4）防范措施。

①要强化对煤矿防尘工作的监管。煤矿要建立完善防尘供水系统，主要运输巷、掘进巷道、煤仓及溜煤眼口、装卸载点等地点必须安设防尘供水管路。

②必须有预防和隔绝煤尘爆炸的措施，及时清除巷道中的浮煤，清扫和冲洗沉积煤尘。

③定期撒布岩粉和对主要大巷刷浆。

④加大对煤矿防火工作的监督检查力度。要建立井下防火制度，严禁随意在井下进行电焊、气焊和喷灯焊接工作，严禁携带烟火入井、使用灯泡取暖和使用电炉，坚决消灭井下明火、明电作业和失爆现象。

二、采区防尘的安全检查

重点检查风流中煤尘浓度是否超限，是否存在积尘，防尘措施是否有效。

（1）采区（工作面）风流中的含尘量是否合乎要求。

（2）在采区巷道两帮顶底，管子上、支架上是否有厚度 2 mm、长 5 m 的积尘。

（3）是否有清洗煤尘制度，对巷道是否经常清洗。

（4）爆破前后是否洒水。

（5）是否使用水炮泥，每个炮眼的水炮泥数量是符合规定。

（6）采区刮板机、带式输送机、转载点是否有喷雾洒水装置，是否灵活可靠。

（7）工作面是否用湿式煤电钻进行打眼。

（8）工作面是否有煤层注水措施，注水量、时间、水压是否满足要求。

（9）注水后湿润煤量是否满足要求。

（10）注水钻场、钻孔是否满足注水要求。

（11）注水钻场、钻孔是否有注水表、压力表，并有人经常检查。

（12）封孔质量是否合乎要求，有无漏水的地点。

（13）供水管路是否合乎防尘、洒水、注水的要求。

（14）供水管路有无阀门控制。

（15）供水管路是否接到所有供水地点。

（16）供水管路有无漏水的地点，是否经常修理。

（17）割煤机的内外喷雾是否好使，是否经常清洗堵塞喷雾的煤粉。

（18）岩粉棚、水棚、水袋、水槽的岩粉量、水量是否满足巷道的需要。

（19）隔爆设施安设的位置是否合适，是否起隔爆作用。

（20）每个隔爆棚的间距是否合乎要求，吊棚是否适合。

（21）岩粉棚的岩粉是否经常更换，有无结块。

（22）水棚、水槽的水质是否清洁，是否经常补充并清扫槽内的杂物。

三、掘进防尘的安全检查

安全检查的重点：一是有无防尘设计；二是有无风流净化措施；三是矿尘浓度和落尘堆积是否超过规定；四是工作面防尘措施是否有效；五是是否建立矿尘检查与测定制度；六是是否执行个体防护措施。

（1）检查掘进巷道风流中矿尘浓度是否符合规定。

（2）巷道是否有积尘堆积，是否经常清扫。

（3）工作面是否用湿式电钻打眼。

（4）工作面爆破前后是否洒水降尘。

（5）工作面是否使用水炮泥。

（6）掘进机内外喷雾是否正常使用。

（7）工作面注水时水压、时间、注水量是否满足要求。

（8）隔爆设施的位置、间距、岩粉（水）量是否符合规定，是否有人管理。

（9）是否制订和执行矿尘测定制度。

（10）工作人员的个体防护情况。

第四节　防灭火系统安全检查要求及方法

一、矿井防灭火系统的安全检查

矿井地质条件与开采技术条件不同，其防灭火方法和技术手段也会有差别，现场检查过程中应根据矿井实际情况，重点检查以下内容。

1. 灌浆系统

（1）灌浆站的容积、蓄水池水量、取土场的大小是否满足井下防灭火的要求。检查时，根据井下需浆量进行分析。

（2）灌浆管管径是否与灌浆量相适应；管路架设是否平直，靠帮靠腰线以上架设；管路每隔 200～500 m 是否有安全阀；检查时应一段一段地检查，发现问题，及时通知有关部门整改。

（3）采区设计中是否明确规定灌浆系统、疏水系统；是否有疏水和灌浆后防溃浆、突水的措施。

2. 注氮系统

（1）氮气是否充足，浓度在 97% 以上。

（2）是否有专用氮气输送管路及其附属安全设施。

（3）注氮管路是否平直，严密不漏气，低洼处是否有放水设施。

（4）是否有能连续监测采空区气体变化的监测系统；是否有专人定期进行检查、分析和整理有关记录。

3. 地面消防水池和井下消防管路系统

（1）消防水池是否经常保持 200 m³ 以上的水量。

（2）消防管路是否每隔 100 m 设置支管和阀门，带式输送机巷道中的消防管路每间隔 50 m 设置支管和阀门。检查时，按照要求对照现场进行分段检查。

4. 防火措施

（1）木料场、矸石山距进风井的距离是否小于 80 m。

（2）进风井口是否装设防火铁门，或有防止烟火进入矿井的安全措施。

（3）《煤矿安全规程》规定禁用可燃性材料支护的地点是否使用。

（4）使用电、气焊和喷灯焊接时是否有安全措施。

（5）井上下是否按规定设置消防材料库。

（6）每季度矿长是否组织矿井防火检查。

5. 火区管理

（1）是否绘制火区位置关系图，建立火区管理卡片。

（2）火区所有永久性防火墙是否都有编号并在火区位置关系图中注明。

（3）是否按《煤矿安全规程》要求进行防火墙管理。

（4）启封已熄灭火区是否达到条件并制定安全措施。

二、采区防灭火的安全检查

重点检查：采区是否具备较大自然发火危险；防治自然发火的措施是否有效。

（1）采区巷道是否布置在煤层中，有无防火措施。

（2）是否采用后退式布置工作面。

（3）对旧巷是否认真处理。

（4）巷道冒顶是否处理。

（5）高顶有无搭凉棚，该处是否处理。

（6）打穿杆过破碎地点是否处理。

（7）三角点是否处理。

（8）工作面结束后是否处理。

（9）采区结束后是否在 45 天内进行永久性封闭。

（10）采区内有无超过 30 ℃的高温，是否处理。

（11）采区一氧化碳浓度大的地点是否经常采气进行处理。

（12）气体分析是否经常进行。

（13）对 30 ℃高温，个别地点 CO 达 0.0005% 时是否经常处理。

（14）对隐患地点是否经常注水，能否起作用。

（15）采空区是否根据推进度经常注泥、阻化剂和河砂。

（16）泥水比、阻化剂浓度是否合乎要求。

（17）是否采用注氮防火，注氮的浓度是否在 97% 以上。

（18）注氮管、注泥管、注砂管是否接设到位。

（19）灭火管路的接设是否满足要求，平时堵管口有无异物或煤块在管内。

（20）是否采用束管监测，其探头位置是否合适。

（21）是否利用束管监测来分析自然发火规律，有问题是否及时处理。

三、掘进防灭火的安全检查

（1）掘进过程中出现高顶高冒时是否有浮煤，是否搭凉棚。

（2）是否建立自然发火预测预防制度，专用防火记录簿的使用是否正常。

（3）有自然发火隐患时是否认真处理。

（4）消防水管道是否接到掘进巷道之中。

第七章　防治水作业安全检查

煤矿在生产建设过程中，常常会受到水害的威胁，一旦出现水灾，轻则造成排水设备损坏和水费增多，原煤成本提高，生产环境恶化，重则直接威胁职工生命和国家财产的安全。

第一节　地面防治水作业安全检查要求及方法

地面防治水作业安全检查的重点是地面防治水工作的有效性；应按有关规定要求，通过防治水现状调查，结合矿井水文记录，进行检查分析，发现问题及时通知整改。

一、对矿井周围老空的安全检查

（1）老空位置及开采情况。包括：井筒位置、地面标高、井深、井径，开采煤层层数、各煤层开采范围、巷道布置情况、巷道规格、产量、与相邻老空的关系、开采起止时间、停采原因。

（2）采空区的地质情况。包括：煤层厚度及其变化、层间距、产状，煤的软硬程度、顶底板岩性、断层的位置和方向、断层之间的充填物和胶结性、断层是否出水等。

（3）水文地质情况。包括：开采期间的排水情况，是否发生过透水事故，出水地点、原因，水的来源，废弃老窑的积水水位，地面河流、湖泊、泉水和水沟等水体与老空的关系，雨季是否向老空灌水。

（4）地表塌陷深度、范围和塌陷裂缝的分布情况，雨季积水情况。

二、地面工业广场防治水工程措施的安全检查

（1）地面工业广场（包括风井）是否选择在不受洪水威胁的地点。

（2）当地面工业广场标高低于历年最高洪水位时，其井口（包括风道、管子道及人行道）及主要建筑物（如变电所、绞车房等）是否加高于洪水位之上。

（3）工业广场坡面汇集水是否修建防洪堤坝或截水沟截住山洪内侵；四周

环山的场地是否利用地形构筑隧洞泄洪，其防洪堤坝、截水沟、隧洞是否牢固并经常检查修理。

（4）工业广场及居民区沿河流布置时，是否修筑防洪堤坝，防洪堤坝是否按最大洪水水位建筑，其质量是否合乎要求，是否在雨季前修筑好。

（5）矸石、炉灰及工业广场施工的废土石及杂物是否弃于河中，废物排弃场地、矸石山等是否设在山洪暴发的方向，是否有避免淤塞河床、沟渠而造成洪水泛滥的措施。

（6）在内涝区和洪水季节河水有倒流现象的矿井是否在泄洪总沟的出口处建立水闸，设置排洪站，以备河水倒灌时落闸，向外排水。

三、地面露头带截洪防渗工程及措施的安全检查

（1）在地面露头带以外垂直来水方向是否修筑截洪沟拦截洪水，是否根据地形条件将水引出防护区以外，截洪沟断面的质量是否合乎要求，在雨季之前是否进行维修。

（2）浅部保护煤柱是否留够，是否能减少大气降水或地表水沿煤层露头向矿井渗入的水量。

四、对填塞地面渗水通道工程措施的安全检查

地面塌陷裂缝、塌陷洞、老空等都可能成为地表水直接或间接流入井下的通道，因此必须在雨季前进行填塞处理，并及时检查。

（1）塌陷区及塌陷裂缝是否沿塌陷裂缝挖沟向缝内填土，处理是否符合规定。

（2）塌陷洞处理：对吸水口尚未充分裸露的塌陷洞是否采用大量的块石或钢筋混凝土填底，然后回填泥土；底部基石已经裸露的塌陷洞是否采用片石混凝土浇灌，并在堵住洞口后回填泥土；大而深的塌陷洞下挖不见基石时，是否在较坚硬的地段上铺一层厚度 0.5 m 左右的浆砌片石，并在其上填土夯实；当塌陷洞发生在井下，并大量向下泄水时，是否及时进行检验处理，其检验的方法措施是否恰当。

五、对经过塌陷区或透水岩层的河流、沟渠处理的安全检查

（1）检查经过塌陷区或透水岩层的河流、沟渠是否有漩涡等向井下漏水的现象发生，有漏水时对沟渠、河流是否及时进行防堵，是否将水引向井田以外。

（2）整铺河底和旧渠时是否采取混凝土弧形河槽、片石弧形河槽的方法进

行施工，其质量是否符合标准。

（3）当整铺河底无效时，是否根据地形、地质、水文情况，因地制宜地将河床或沟渠改道，其改道的质量是否符合要求。

六、地面钻孔的安全检查

（1）地质勘探孔终孔后，是否按照设计要求进行封孔，封孔的质量是否达到不漏水的要求，有无封孔报告。

（2）对于下部含水层的水文观测孔，对上部未疏干的各含水层是否在套管外用灰浆封闭。

（3）排水孔、电缆孔、瓦斯抽放孔、充填孔等地面钻孔，在终孔结束时，是否将孔口加高、孔壁是否封堵严密。

七、矿井防治水资料的检查

（1）矿井的防治水图纸、台账是否齐全，规划、计划措施是否得当。

（2）是否有年度防治水计划，是否经上级主管部门审批并认真实施。

（3）是否成立专业防治水队伍、机构。

（4）雨季之前是否认真检查和落实了各项防治水措施。

（5）防洪防汛的人力、物力是否足够，防汛期间有无人值班。

第二节　井下防治水作业安全检查要求及方法

一、隔离煤柱的安全检查

（1）井田边界的隔离煤柱是否根据煤层的赋存条件、岩石性质、静水位高度，以及煤层开采后上覆岩层移动角、导水裂缝带高度等因素留设，是否合理。

（2）下列煤柱留设是否符合规定：

①单一煤层沿煤层走向的隔离煤柱。

②单一煤层沿煤层倾斜方向的隔离煤柱。

③煤层群开采时，上层煤与下层煤的间隔小于和大于下层煤开采后的导水裂缝带高度时的下层煤的隔离煤柱。

④以断层为界的边界隔离煤柱由角砾岩等组成，煤层与强含水层接触并被其局部掩盖，含水层顶面高于导水裂缝带上限时的隔离煤柱。

⑤以断层为界的边界隔离煤柱由角砾岩组成，煤层与强含水层接触并被其局

部掩盖，其导水裂缝带上限高于断层上盘含水层和煤层时的隔离煤柱。

⑥以断层为界的边界隔离煤柱由角砾岩等组成，煤层位于含水层上方或与含水层相接触，断层上盘含水层顶面与断层相交点至下盘煤层之间的最小距离小于或等于安全水头值时的隔离煤柱。

（3）以断层为界的边界隔离煤柱由角砾岩等组成，在水文地质条件简单、有突水威胁、断层两侧煤层间隔较大，且较高煤层底板到较低煤层采动导水裂缝带上限的距离大于其所在地点和安全水头值时，断层两侧是否各留 20 m 隔离煤柱。

二、对水淹区下开采时留设的隔离煤（岩）柱的安全检查

（1）掘进巷道与积水体之间留煤（岩）柱的最小距离是否符合规定。

（2）在水淹区的同一煤层中进行开采时，其隔离煤柱的尺寸是否根据煤层赋存条件、地质构造、静水压力、开采后上覆岩层移动角和导水裂缝带高度确定。

（3）在水淹区下方的邻近煤层中进行开采时，所留的隔离煤（岩）柱是否小于导水裂缝带最大高度加上水淹区底部扒缝深度和保护带厚度。

三、对探水线的安全检查

（1）对矿井采掘工作造成的老空、老巷、硐室等积水区，其边界位置是否准确、水文地质条件是否清楚。

（2）对矿井的积水区，虽有图纸资料，但不能确定积水区边界位置时，探水线至推断的积水区边界的最小距离不得小于 60 m。

（3）对有图纸资料的老空区，探水线至积水区边界的最小距离不得小于 60 m，对没有图纸资料可查的老空区，应坚持预测预报、有疑必探，先探后掘、先治后采的原则。

（4）掘进巷道附近有断层或陷落柱时，探水线至最大摆动范围预计煤柱的最小距离应小于 60 m。

（5）石门揭开含水层前，其探水线至含水层的最小距离应小于 20 m。

四、巷道穿过同河流、湖泊、溶洞、含水层等有水力联系的断层、裂缝破裂线时的安全措施的安全检查

（1）掘进过程中是否探水前进，是否通过超前钻探孔了解断层、裂缝破裂的宽度、含水性和水压等。

（2）是否根据钻探资料在巷道穿过破碎线之前分别采取预注浆和疏放水的措施。遇到断层、裂缝破裂线同河流、湖泊、水源充沛的溶洞和含水层联系密切时，是否采取预注浆的措施；破裂线同水源贫乏、以降水为主的溶洞和含水层发生水力联系时，是否采取疏放水的措施。

（3）是否按规定砌筑防水闸门。

五、对采掘隔离煤柱的安全检查

（1）开采水淹区域下的隔离煤柱时，是否在积水完全排除以后进行，是否有安全措施。

（2）对于盲洞、巷道冒顶矸石被淤塞或被断层隔离而形成的孤立积水和重新积水，是否执行探放水措施。

（3）在掘透老空前是否认真检查有毒有害气体情况，当发现有毒有害气体时，是否采取了预先放出的措施；掘透老空后，是否加强通风，吹散有毒有害气体，避免再度积聚。

（4）在采掘隔离煤柱时是否有加强支护，预防顶板塌落事故的措施。

六、对带压开采防止突水的安全检查

（1）矿井是否加强了水文地质工作，是否随工作面的推进观测所遇到的地质、水文地质现象，对原有资料进行修改、补充。

（2）开始采掘工作前，是否提出地质说明书，开展短期地质、水文地质预报工作，预测构造和突水因素。

（3）在编制采掘设计和作业规程时是否根据水文地质资料提出防治水的措施。

（4）在采掘时是否坚持有疑必探、先探后掘的超前钻探制度。

（5）对较大断层、防水煤（岩）柱、断层下盘进行采掘时是否采取切实可行的措施。

（6）穿过落差较大和导水性能良好的断层时是否严格执行《煤矿安全规程》有关规定。

（7）是否在适宜地点构筑防水闸门。

（8）是否配备超过承压含水层最大突水量的排水设施，其水泵管路质量是否达到要求。

（9）开采方法及顶板管理是否适应带压开采的需要，能否减少矿山压力对煤层底板的影响作用。

七、疏放降压开采受含水层威胁的煤层的安全检查

（1）是否制定安全措施，报上级批准。

（2）当煤层的上覆或底板岩层中有强含水层与煤层的间距小于因采掘活动所产生的冒落导水裂缝高度，煤层顶底板隔水层每米承受的水压大于某一极限值时，是否有计划地采用控制疏水降压措施，是否将含水层的压力降到隔水层所允许的安全水头值以下。

（3）是否在疏水前进行打钻测压，钻孔的质量是否符合标准，有无安全措施，疏水设备是否齐全、合理。

八、对井下防水闸门的安全检查

（1）防水闸门和闸门硐室是否有漏水的地方。

（2）防水闸门硐室前后两侧是否分别砌筑 5 m 混凝土护硐，硐后是否用混凝土填实，有无空帮、空顶，是否用高标号水泥进行注浆加固；注浆压力是否与防水闸门设计压力相等。

（3）防水闸门与箅子门之间有无停放车辆和堆放杂物。

（4）通过防水闸门的铁道、电机车架空线是否灵活易拆，在关闭时能否迅速拆除。

（5）防水闸门是否安设有观测水压的装置，有无放水管和放水闸阀。

（6）防水闸门是否进行耐压试验，是否符合标准，有无试验记录。

（7）关闭防水闸门的工具和零件是否存放在指定的专门地点，有无专人负责保管，有无丢失和挪作他用现象。

（8）是否建立有防水闸门的检查维护制度，有无专职责任制。

（9）防水闸门的设备、附件和工具是否完好无缺，门扇关闭是否灵活，密封、接触是否良好，门框与混凝土的接触处有无新的裂缝损伤，闸门是否质量完好。门扇在日常开启状态下，其下是否加支撑。每年是否对门扇、门框进行一次刷油。

【案例】某矿"12·7"较大水害事故。2006 年 12 月 7 日 7 时 10 分，某矿发生一起死亡 8 人的较大水害事故，直接经济损失 313.2 万元。

（1）事故经过。2006 年 12 月 7 日零点班，生产井区共出勤 26 人，其中 -164 m 水平联络上山回风道掘进工作面 7 人作业，外围 19 人。7 时 10 分，在人行道岔口处休息的电工韩某感到背后一股凉风，回头一看，见大水冲过来，他立即抱紧了一棵立柱，瞬间就淹到了韩的颈部，几秒钟后，水不再上涨，韩趁机转

移到距他 4 m 处的老回风上山躲避，看见水泵司机姜某已在那里。在外围二盲斜井绞车道作业的杨某得知掘进工作面发生溃水的消息后，跑到 -164 m 水平车场查看，这时水已淹到了车场棚梁。他在一盲斜井下部车场打电话向矿调度报告了事故。经反复核查，发现有 10 名矿工被困。

事故发生后，市政府立即启动事故应急救援预案，成立了抢险指挥部。7 日 11 时，井下开始排水；14 时 50 分，人行道和刮板输送机道积水回落到棚梁下 0.3 m，救护队开始探查搜救，因刮板输送机道往里 15 m 货淤到棚梁，人行道往里 25 m 也因淤货太多无法进入；15 时 30 分，救护队员再次开始在人行道淤货上爬行，继续搜救被困人员，当爬到 40 m 左右时，听到里面有被困矿工呼救，16 时 35 分将被困电工韩某和水泵工姜某救出。

由于淤货多、作业空间狭小，救援工作艰难。9 日 3 时 30 分，在刮板输送机头处找到了跟班段长王某的尸体；从 9 日 5 时 45 分至 10 日 5 时 10 分找到了另外 7 名遇难者，至此 8 名遇难矿工全部找到，抢险工作结束。

（2）事故直接原因。-164 m 水平联络上山回风道掘进工作面掘进爆破，与上部原有积水的盲斜下山沟通，造成透水事故。

（3）事故间接原因。

①煤矿现场安全管理混乱，矿未设置专职防治水负责人，安全矿长由机电矿长兼任。

②对采掘场所上部积水危害认识不足，没有执行矿井防治水"预测预报、有疑必探、先探后掘、先治后采"的原则，盲目在有积水的老空区下进行掘进作业。

③煤矿不掌握 -164 m 水平东部区域水文地质情况；对 -164 m 水平上部废弃巷道和采空区掌握不准，怀疑 -138 m 水平旧巷有积水，没有编制 -153 m 水平探放水设计，就盲目打钻探水，探放水钻孔未能打在 -164 m 水平东部生产区域积水上，在没有认真考证是否探查到位的情况下，就误认为是没有积水，冒险安排 -164 m 水平掘进工作面作业。

④掘进工作面未编制《作业规程》。

⑤对工人安全教育和培训不到位，掘进工作面未设安全检查工，职工素质低，安全意识差。自我保安能力差，不知道巷道透水预兆。

（4）防范措施。

①煤矿及时进行水文地质情况调查，查明井下水文地质状况，严格按照重大隐患认定办法排查。

②探放水必须有探放水设计。

③根据水文地质状况，配置相应的防治水机构或人员。

④加强职工培训，特别是特殊工种必须持证上岗。

第三节　井下探放水作业安全检查要求及方法

一、探放水原则

在矿井遇到含水体时是否坚持"预测预报、有疑必探、先探后掘、先治后采"的探放水原则。

二、探放水作业前的安全检查

（1）探水前是否加强钻孔附近的巷道支护、背好帮顶，是否在工作面迎头打好坚固的主柱和拦板。

（2）是否清理好巷道的浮煤，挖好排水沟。

（3）在打钻地点附近是否安设有专用电话。

（4）是否有测量和负责探放水人员亲临现场指挥，确定探水钻孔方位、角度、钻孔数目和钻进深度。

三、探放水作业中的安全检查

（1）当钻孔钻进时，发现煤岩松软、片帮、来压或钻眼中水压、水量突然增大或顶钻等异常时，必须停止钻进，但不得拔出钻杆，应立即向矿调度室报告，并派人监测水情；当发现情况危急时，必须立即撤出所有受水威胁地区的人员，并采取措施，进行处理。

（2）探水钻机后面和前面给进手把活动范围内不得站人。

（3）钻眼接近老空，预计可能有瓦斯或其他有害气体涌出时，必须有瓦斯检查员或矿山救护队在现场值班检查空气成分。如果瓦斯或其他有害气体超过《煤矿安全规程》的有关规定，必须停止打钻，切断电源，撤出人员，并报告矿调度室采取措施，进行处理。

（4）钻孔放水前，必须估计积水量，根据矿井排水能力和水仓容易控制放水眼的流量，同时观测水压变化。

（5）钻孔内水压过大时，可采用孔口防喷帽、防喷接头和盘根密封防喷器等反压、防压装置。

（6）钻孔内流量突然变小或突然断水时，要通孔3~5次，并补打检查孔核实是否将水放净；钻眼流量变大时，要通知泵房增开水泵台数，并通知水文地质人员分析增大原因，采取相应的措施。

四、井下探放水后掘进施工的安全检查

（1）探水巷道的掘进断面是否过大，是否同时有 2 个安全出口，双巷掘进时是否在横贯两巷之间开掘安全躲避硐室。

（2）掘进巷道的坡度是否有起伏不平的现象发生。

（3）掘进工作面有透水征兆时，是否停止掘进，加固支架，并将人员撤到安全地点，向调度值班人员汇报；值班领导是否组织有关人员到现场查看分析情况。当发现情况危急时，是否立即发出警报，撤出所有受水威胁地点的人员。

（4）上山方向的水害未消除或正在探水时，是否执行了必须暂停工作的规定。

（5）探到老空并已放水的掘进工作面，不能马上与老空区掘透，在施工过程中是否重打检查眼进行探水。

（6）在探水巷道掘进时是否严格掌握巷道的掘进方向，如因地质变化偏离时，是否进行补充钻探或采取其他措施予以补救。

（7）在掘进时是否经常注意盲巷、老空积水或断层隔离而形成的孤立积水区。

（8）是否选择合理的掘进巷道爆破方法，是否在探水眼严密掩护下，保持设计超前距离时采取多打眼、少装药、放小炮的方法。

（9）是否严格执行炮眼或掘进头有出水征兆，超前距离不够或偏离探水方向，掘进支架不牢固或空顶超过规定时不装炮的规定。

（10）在上山巷道或坡度大的开采层斜石门掘进接近老空爆破时，是否将所有人员撤到联络巷或下边平巷中。

（11）掘进打眼沿麻花钻杆向外流水时，是否停止工作，是否设法固定并向调度室汇报听候处理。

（12）老空放水后允许恢复掘进时，当掘到离老空 3~5 m 处是否先用煤电钻打眼进行检查；当确系老空水放净之后，是否先用小断面从放水钻孔上方与老空区掘透。

（13）掘进中班（组）长是否执行现场交接班制度，对允许掘进剩余的距离可能出现的问题等是否清楚。

（14）掘进到批准位置时，其最后 0.5 m 是否停止爆破，用手镐采齐迎头。

五、排放被淹井巷积水措施的安全检查

（1）排除井筒和下山的积水前，是否有矿山救护队检查水面上的空气成分，发现有害气体时是否进行处理。

（2）用于排水的一切电气设备是否是防爆型的，有无"鸡爪子""羊尾巴"、明线接头等。

（3）井筒排水是否使用明火、明刀闸开关、照明灯是否防爆。

（4）是否定期检查水面的空气成分，发现有害气体时，是否及时开动准备好的局部通风机，吹散有害气体。

（5）斜井或下山排水时是否及时构成已露出水面的井巷部分的通风系统，缩短局部通风机的通风距离，提高局部通风机效用。

（6）是否在马头门露出水面之前，提前开动主要通风机，使马头门露出后，瓦斯或其他有害气体顺回风流抽出，避免有害气体涌入井筒。

第八章 安全监测监控系统安全检查

第一节 生产安全监测监控系统安全 检查要求及方法

一、地面中心站的检查

（1）地面中心站的检查应在检测技术负责人和专责电工的配合下进行。

（2）检查安全监控系统是否按规定与上级监控中心联网。

（3）检查安全监控系统的主机是否双机或多机备份；是否24 h不间断运行。

（4）检查当工作主机发生故障时，备份主机是否在5 min内投入工作。

（5）检查地面中心站的供电电源是否双回路供电并配备不小于2 h在线式不间断电源。当交流电停电时备用直流电源是否保证连续监控时间不小于2 h。

（6）检查地面中心站的接地装置和防雷装置是否完善，检查每季度的测试记录，各种参数是否符合规定。

（7）检查监控系统是否装备防火墙等网络安全设备。

（8）检查地面中心站是否使用录音电话。

（9）检查监控系统馈电异常显示、报警、查询等功能是否完善，运行是否正常。

（10）检查巡检周期是否大于30 s。

（11）检查各种设置是否符合规定。

（12）检查机房应密封，无灰尘。机房面积应大于30 m^2，距离矿调度室和井口都比较近；机房附近无腐蚀性物质。

二、分站的检查

（1）检查分站安装的位置是否正确。井下分站应设置在便于人员观察、调试、检验及支护良好、无滴水、无杂物的进风巷道或硐室中，安设时应垫支架，使其距巷道底板不小于300 mm，或吊挂在巷道中。

（2）检查分站的供电电源是否选择合理。《煤矿安全规程》第四百九十一条规定：安全监控设备的供电电源必须取自被控制开关的电源侧或者专用电源，严禁接在被控开关的负荷侧。分站的供电电源宜取自采区变电所电压稳定、能保证连续供电、不被任何装备断电和闭锁的供电电源的电源侧。

（3）检查分站的防爆性能是否符合防爆标准的规定。

（4）检查分站在接通电源 1 min 内，是否继续闭锁该设备所监控区域的全部非本质安全型电气设备的电源。

（5）检查分站在瓦斯传感器发生故障或断电时，是否切断该设备所监控区域的全部非本质安全型电气设备的电源并闭锁。

（6）检查分站断电闭锁的范围是否符合规定。

（7）检查分站断电接点的分断容量是否大于接点分断容量。

（8）检查各种传感器的设置是否符合规定。

三、电源线路及通信线路的安全检查

（1）煤矿安全监控设备之间的通信电缆必须使用专用蓝色的矿用阻燃电缆或光缆连接，严禁与调度电话电缆或动力电缆等共用。

（2）煤矿安全监控系统的通信电缆应与电力电缆分挂在井巷的两侧，如果受条件所限，在井筒内，应敷设在距电力电缆 0.3 m 以外的地方；在巷道内，应敷设在电力电缆上方 0.1 m 以上的地方。

（3）防爆型煤矿安全监控设备之间的输入、输出信号必须为本质安全型信号。

（4）防爆型煤矿安全监控设备的电源引线必须使用取得安全标志的矿用阻燃电缆。

四、传感器的安全检查

（一）传感器的通用检查内容

（1）传感器的防爆型式采用矿用本质安全型或隔爆兼本质安全型，防爆标志为"Exib Ⅰ"或"Exd［ib］Ⅰ"。

（2）传感器显示窗应透光良好，数码、符号均应清晰完好。

（3）传感器结构坚固耐用，有安装悬挂或支撑装置，传感器表面、镀层或涂层不应有气泡、裂痕和明显剥落斑点。

（4）传感器取样头上应有防尘和防风速影响的保护罩。

（5）传感器应有遥控调校功能。

（6）传感器本安端子与外壳之间绝缘电阻应不小于 50 MΩ。

（7）传感器使用电缆的单芯截面为 1.5 mm² 时，传感器与关联设备的传输距离应不小于 2 km。

（8）使用中的传感器是否应经常擦拭，清除外表积尘，保持清洁。

（9）检查传感器是否按规定进行调校，传感器标定的参数是否准确。

（10）报警声在距其 1 m 远处用分贝计测量声级强度应不小于 80 dB；光信号应能在 20 m 处清晰可见。

（二）甲烷传感器的安装与设置的检查

（1）甲烷传感器应垂直悬挂在巷道上方风流稳定的位置，距顶板（顶梁）不得大于 300 mm，距巷道侧壁不得小于 200 mm，并应安装维护方便，不影响行人和行车。

（2）甲烷传感器报警浓度、断电浓度、复电浓度和断电范围必须符合表 8 - 1 规定。

表 8 - 1　甲烷传感器的报警浓度、断电浓度、复电浓度和断电范围

甲烷传感器设置地点	报警浓度	断电浓度	复电浓度	断电范围
低瓦斯和高瓦斯矿井的采煤工作面	≥1.0% CH₄	≥1.5% CH₄	<1.0% CH₄	工作面及其回风巷内全部非本质安全型电气设备
煤（岩）与瓦斯突出矿井的采煤工作面	≥1.0% CH₄	≥1.5% CH₄	<1.0% CH₄	工作面及其进、回风巷内全部非本质安全型电气设备
高瓦斯和煤（岩）与瓦斯突出矿井的采煤工作面回风巷	≥1.0% CH₄	≥1.0% CH₄	<1.0% CH₄	工作面及其回风巷内全部非本质安全型电气设备
专用排瓦斯巷	≥2.5% CH₄	≥2.5% CH₄	<2.5% CH₄	工作面内全部非本质安全型电气设备
煤（岩）与瓦斯突出矿井采煤工作面进风巷	≥0.5% CH₄	≥0.5% CH₄	<0.5% CH₄	进风巷内全部非本质安全型电气设备
采用串联通风的被串采煤工作面进风巷	≥0.5% CH₄	≥0.5% CH₄	<0.5% CH₄	被串采煤工作面及其进回风巷内全部非本质安全型电气设备
采煤机	≥1.0% CH₄	≥1.5% CH₄	<1.0% CH₄	采煤机电源
低瓦斯、高瓦斯、煤（岩）与瓦斯突出矿井的煤巷、半煤岩巷和有瓦斯涌出的岩巷掘进工作面	≥1.0% CH₄	≥1.5% CH₄	<1.0% CH₄	掘进巷道内全部非本质安全型电气设备

表 8 - 1（续）

甲烷传感器设置地点	报警浓度	断电浓度	复电浓度	断电范围
高瓦斯、煤（岩）与瓦斯突出矿井的煤巷、半煤岩巷和有瓦斯涌出的岩巷掘进工作面回风流中	≥1.0% CH₄	≥1.0% CH₄	<1.0% CH₄	掘进巷道内全部非本质安全型电气设备
采用串联通风的被串掘进工作面局部通风机前	≥0.5% CH₄	≥0.5% CH₄	<0.5% CH₄	被串掘进巷道内全部非本质安全型电气设备
掘进机	≥1.0% CH₄	≥1.5% CH₄	<1.0% CH₄	掘进机电源
回风流中机电设备硐室的进风侧	≥0.5% CH₄	≥0.5% CH₄	<0.5% CH₄	机电设备硐室内全部非本质安全型电气设备
高瓦斯矿井进风的主要运输巷道内使用架线电机车时的装煤点和瓦斯涌出巷道的下风流处	≥0.5% CH₄			
在煤（岩）与瓦斯突出矿井和瓦斯喷出区域中，进风的主要运输巷道内使用的矿用防爆特殊型蓄电池电机车	≥0.5% CH₄	≥0.5% CH₄	<0.5% CH₄	机车电源
在煤（岩）与瓦斯突出矿井和瓦斯喷出区域中，主要回风巷内使用的矿用防爆特殊型蓄电池电机车	≥0.5% CH₄	≥0.7% CH₄	<0.7% CH₄	机车电源
兼做回风井的装有带式输送机的井筒	≥0.5% CH₄	≥0.7% CH₄	<0.7% CH₄	井筒内全部非本质安全型电气设备
瓦斯抽放泵站室内	≥0.5% CH₄			
利用瓦斯时的瓦斯抽放泵站输出管路中	≤30% CH₄			
不利用瓦斯、采用干式抽放瓦斯设备的瓦斯抽放泵站输出管路中	≤25% CH₄			
井下临时抽放瓦斯泵站下风侧栅栏外	≥1.0% CH₄	≥1.0% CH₄	<1.0% CH₄	抽放瓦斯泵

（3）甲烷传感器的测量误差应符合表8-2的规定。

表8-2 传感器测量误差表

测量范围	0~1.0	1.0~3.0	3.0~4.0
测量误差	±0.1	真值的±10%	±0.3

（4）采煤工作面甲烷传感器安装位置应符合以下规定：

①长壁采煤工作面甲烷传感器必须按图8-1设置。U型通风方式在上隅角设置甲烷传感器T_0，工作面设置甲烷传感器T_1，工作面回风巷设置甲烷传感器T_2；若煤与瓦斯突出矿井的甲烷传感器T_1不能控制采煤工作面进风巷内全部非本质安全型电气设备，则在进风巷设置甲烷传感器T_3；低瓦斯和高瓦斯矿井采煤工作面采用串联通风时，被串工作面的进风巷设置甲烷传感器T_4，如图8-1a所示。Z型、Y型、H型和W型通风方式的采煤工作面甲烷传感器的设置参照上述规定执行，如图8-1b~图8-1e所示。

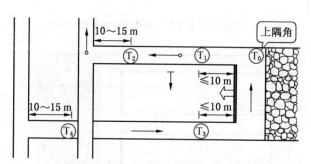

(a) U型通风方式采煤工作面甲烷传感器的设置

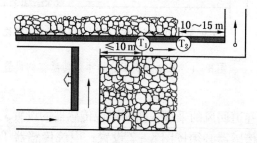

(b) Z型通风方式采煤工作面甲烷传感器的设置

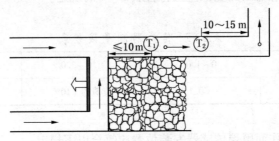

(c) Y 型通风方式采煤工作面甲烷传感器的设置

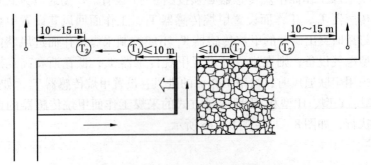

(d) H 型通风方式采煤工作面甲烷传感器的设置

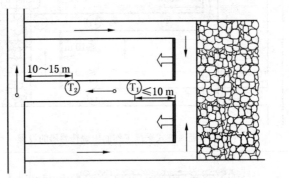

(e) W 型通风方式采煤工作面甲烷传感器的设置

图 8-1　长壁采煤工作面甲烷传感器的设置

②采用两条巷道回风的采煤工作面甲烷传感器的设置。采用两条巷道回风的采煤工作面甲烷传感器必须按图 8-2 设置：甲烷传感器 T_0、T_1 和 T_2 的设置同图 8-1a；在第二条回风巷设置甲烷传感器 T_5、T_6。采用 3 条巷道回风的采煤工

作面，第三条回风巷甲烷传感器的设置与第二条回风巷甲烷传感器 T_5、T_6 的设置相同。

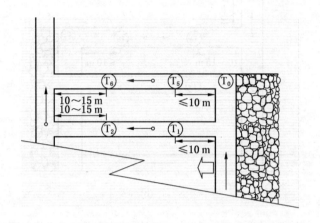

图8-2 两条巷道回风的采煤工作面甲烷传感器的设置

③有专用排瓦斯巷的采煤工作面甲烷传感器的设置。有专用排瓦斯巷的采煤工作面甲烷传感器必须按图8-3设置。甲烷传感器 T_0、T_1、T_2 的设置同图8-1a；在专用排瓦斯巷设置甲烷传感器 T_7，在工作面混合回风风流处设置甲烷传感器 T_8，如图8-3a和图8-3b所示。

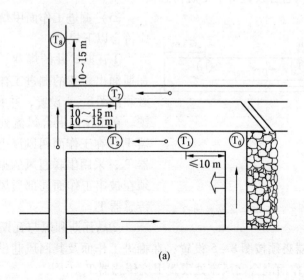

(a)

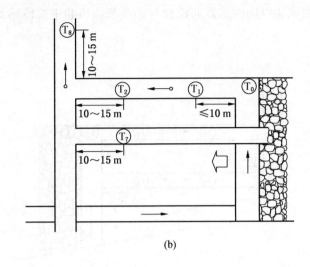

(b)

图 8-3 有专用排瓦斯巷的采煤工作面甲烷传感器的设置

④高瓦斯和煤与瓦斯突出矿井采煤工作面的回风巷长度大于 1000 m 时，必须在回风巷中部增设甲烷传感器。

⑤采煤机必须设置机载式甲烷断电仪或便携式甲烷检测报警仪。

⑥非长壁式采煤工作面甲烷传感器的设置参照上述规定执行，即在上隅角、工作面及其回风巷各设置 1 个甲烷传感器。

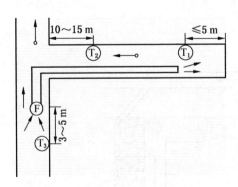

图 8-4 掘进工作面甲烷传感器的设置

（5）掘进工作面甲烷传感器的设置应符合以下规定：

①瓦斯矿井的煤巷、半煤岩巷和有瓦斯涌出岩巷的掘进工作面甲烷传感器必须按图 8-4 设置，并实现瓦斯风电闭锁。在工作面混合风流处设置甲烷传感器 T_1，在工作面回风流中设置甲烷传感器 T_2；采用串联通风的掘进工作面，必须在被串工作面局部通风机前设置甲烷传感器 T_3。

②高瓦斯和煤与瓦斯突出矿井双巷掘进甲烷传感器必须按图 8-5 设置：在掘进工作面及其回风巷设置甲烷传感器 T_1 和 T_2；在工作面混合回风流处设置甲烷传感器 T_3。

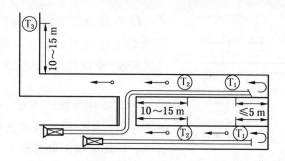

图 8 - 5　双巷掘进工作面甲烷传感器的设置

　　③高瓦斯和煤与瓦斯突出矿井的掘进工作面长度大于 800 m 时，必须在掘进巷道中部增设甲烷传感器。

　　④掘进机必须设置机载式甲烷断电仪或便携式甲烷检测报警仪。

　　（6）检查炮采工作面和回风巷：

　　①检查甲烷传感器在爆破前是否移动到安全位置，爆破后是否及时恢复设置到正确位置。

　　②对需要经常移动的传感器、声光报警器、断电控制器及电缆等，是否有规定由采掘班组长负责移动，是否擅自移动和停用。

　　③采区回风巷、一翼回风巷、总回风巷测风站应设置甲烷传感器。

　　④回风巷道中的电气设备上风侧 10～15 m 处应设置甲烷传感器。

　　⑤设在回风流中的机电硐室进风侧必须设置甲烷传感器，如图 8 - 6 所示。

　　（7）使用架线电机车的主要运输巷道内，装煤点处必须设置甲烷传感器，如图 8 - 7 所示。

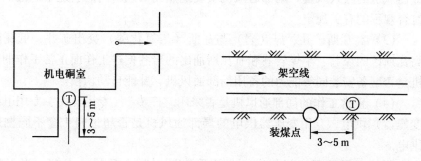

图 8 - 6　在回风流中的机电硐室甲烷传感的设置　　图 8 - 7　装煤点甲烷传感器的设置

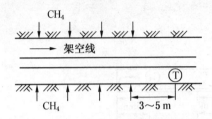

图8-8　瓦斯涌出巷道的下风流中
甲烷传感器的设置

（8）高瓦斯矿井进风的主要运输巷道使用架线电机车时，在瓦斯涌出巷道的下风流中必须设置甲烷传感器，如图8-8所示。

（9）矿用防爆特殊型蓄电池电机车必须设置车载式甲烷断电仪或便携式甲烷检测报警仪；矿用防爆型柴油机车必须设置便携式甲烷检测报警仪。

（10）兼做回风井的装有带式输送机的井筒内必须设置甲烷传感器。

（11）井下煤仓、地面选煤厂煤仓和封闭的地面选煤厂机房内上方应设置甲烷传感器。

（12）瓦斯抽放泵站甲烷传感器的设置：

①地面瓦斯抽放泵站内距房顶300 mm处必须设置甲烷传感器。井下临时抽放泵站内下风侧必须设置甲烷传感器。

②抽放泵输入管路中应设置甲烷传感器。利用瓦斯时，应在输出管路中设置甲烷传感器；不利用瓦斯、采用干式抽放瓦斯设备时，输出管路中也应设置甲烷传感器。

③井下排瓦斯管路出口的下风侧栅栏外必须设置甲烷传感器。

（三）掘进工作面风机、风电、瓦斯电闭锁的安全检查

1. 风机的安全检查

（1）检查局部通风机是否有指定人员负责管理。

（2）检查压入式局部通风机和启动装置的安装位置是否符合规定；在进风巷道中，距掘进巷道回风口不得小于10 m；全风压供给该处的风量必须大于局部通风机的吸入风量，局部通风机安装地点到回风口间的巷道中的最低风速必须符合规程的有关规定。

（3）高瓦斯矿井、煤（岩）与瓦斯（二氧化碳）突出矿井、低瓦斯矿井中高瓦斯区的煤巷、半煤岩巷和有瓦斯涌出的岩巷掘进工作面正常工作的局部通风机是否配备安装同等能力的备用局部通风机，并能自动切换。

（4）正常工作的局部通风机是否采用"三专"（专用开关、专用电缆、专用变压器）供电，专用变压器供电的局部通风机是否超过向4套不同掘进工作面供电。

（5）备用局部通风机电源是否取自同时带电的另一电源，当正常工作的局部通风机故障时，备用局部通风机是否能自动启动，保持掘进工作面正常

通风。

（6）正常工作和备用局部通风机均失电停止运转后，当电源恢复时，正常工作的局部通风机和备用局部通风机是否必须人工开启局部通风机。

（7）使用局部通风机供风的地点，当正常工作的局部通风机停止运转或停风后是否能切断停风区内全部非本质安全型电气设备的电源。正常工作的局部通风机故障，切换到备用局部通风机工作时，该局部通风机通风范围内是否停止工作。

（8）检查每15 d是否进行一次甲烷风电闭锁试验，每天是否进行一次正常工作的局部通风机与备用局部通风机自动切换试验，试验期间是否影响局部通风，是否将试验记录存档备查。

（9）局部通风机是否安装开停传感器，是否安装风筒风量传感器。

2. 风电、瓦斯电闭锁的安全检查

（1）检查配电点的位置是否正确。配电点应安装在新鲜风流中，无杂物、无淋水，不影响行人和行车，便于安装和检查的位置。

（2）检查分站的供电电源，是否取自电压稳定、能保证连续供电、不被断电和闭锁的电源的电源侧。

（3）检查甲烷风电闭锁是否具备以下功能：

①掘进工作面瓦斯浓度达到或超过1.0%时，声光报警；掘进工作面瓦斯浓度达到或超过1.5%时，切断掘进巷道内全部非本质安全型电气设备的电源并闭锁；当掘进工作面瓦斯浓度低于1.0%时，自动解锁。当掘进工作面瓦斯浓度低于1.0%时，自动解锁。

②串联通风时，被串掘进工作面入风流中瓦斯浓度达到或超过0.5%时，声光报警，切断被串掘进巷道内全部非本质安全型电气设备电源并闭锁；当被串掘进工作面入风流中瓦斯浓度低于0.5%时，自动解锁。

③局部通风机停止运转时，掘进工作面或回风流中瓦斯浓度大于3.0%，局部通风机被闭锁，不能启动，只有通过密码操作软件或使用专用工具方可人工解锁；当掘进工作面或回风流中瓦斯浓度降低到1.5%以下时，能自动解锁。

④瓦斯传感器、风电瓦斯闭锁装置（或分站）等设备发生故障或断电时，切断该设备所监控区域的全部非本质安全型电气设备的电源并闭锁。

⑤风电瓦斯闭锁装置（或分站），接通电源1 min内，继续闭锁该设备所监控区域的全部非本质安全型电气设备的电源。

⑥有馈电异常报警、显示功能。馈电异常是指馈电状态与系统发出的断电指令或复电指令不一致。

第二节 工业通信及图像监视系统安全
检查要求及方法

一、工业通信系统安全检查

（1）以下地点必须设有直通矿调度室的有线调度电话：矿井地面变电所、地面主要通风机房、主副井提升机房、压风机房、井下主要水泵房、井下中央变电所、井底车场、运输调度室、采区变电所、上下山绞车房、水泵房、带式输送机集中控制硐室等主要机电设备硐室、采煤工作面、掘进工作面、突出煤层采掘工作面附近、爆破时撤离人员集中地点、突出矿井井下爆破起爆点、采区和水平最高点、避难硐室、瓦斯抽采泵房、爆炸物品库等。

（2）有线调度通信系统应当具有选呼、急呼、全呼、强插、强拆、监听、录音等功能。

（3）有线调度通信系统的调度电话至调度交换机（含安全栅）必须采用矿用通信电缆直接连接，严禁利用大地作回路。严禁调度电话由井下就地供电，或者经有源中继器接调度交换机。调度电话至调度交换机的无中继器通信距离应当不小于10 km。

（4）矿井移动通信系统应当具有下列功能：

①选呼、组呼、全呼等。

②移动台与移动台、移动台与固定电话之间互联互通。

③短信收发。

④通信记录存储和查询。

⑤录音和查询。

（5）通信线缆应分设两条，从不同的井筒进入井下配线设备，其中任何一条通信线缆发生故障时，另外一条线缆的容量应能担负井下各通信终端的通信能力。

（6）严禁利用大地作为井下通信线路的回路。

（7）终端设备应设置在便于使用且围岩稳固、支护良好、无淋水的位置。

（8）控制中心备用电源应能保证设备连续工作2 h以上。

（9）维护与管理：

①应指定人员负责通信联络系统的日常检查和维护工作，系统维护人员经培训合格后方可上岗。

②应绘制通信联络系统布置图，并根据井下实际情况的变化及时更新。布置图应标明终端设备的位置、通信线缆走向等。

③应定期对通信联络系统进行巡视和检查，发现故障及时处理。

④系统控制中心应有人值班，值班人员应认真填写设备运行和使用记录。

⑤应建立以下账卡及报表：设备、仪器台账，设备故障登记，检修表、巡检记录和报警，求救信息报表。

⑥相关图纸、技术资料应归档保存。

二、图像监视系统安全检查

（1）安装图像监视系统的矿井，应当在矿调度室设置集中显示装置，并具有存储和查询功能。

（2）监视系统安装环境应符合下列条件：

①环境温度：0~40 ℃。

②大气压力：80~106 kPa。

③平均湿度：不大于95%（+25℃）。

④无显著振动和冲击，无破坏绝缘的腐蚀气体。

（3）摄像机的型式：本质安全型、矿用隔爆型、矿用一般型、地面普通型和复合型，摄像机型式应符合安装地点的要求。

（4）图像监视系统应具有报警联动功能。

安全操作技能

模块一　采煤系统安全检查（简称 K1）

项目一　液压支架安全检查

1. 检查支架状况
(1) 液压管路和阀组连接牢靠，无泄漏。
(2) 支柱不窜液，无损伤，压力表完好，初撑力合格。
(3) 架内无浮矸、浮煤和杂物堆积。

2. 检查移架情况
(1) 支架前、支架间无杂物，顶梁无冒落。
(2) 移架滞后采煤机的距离合格，处理得当。
(3) 支架间空隙背严，移架中无漏矸、漏煤现象。
(4) 移架完成后，支架操作手把置于"0"位，截止阀关闭。

3. 检查支护效果
(1) 支架与底板垂直，不超高。架设底板无浮矸、浮煤。
(2) 支架架设牢固，并有防倒措施。
(3) 支架与顶板接触严密，不空顶。
(4) 支架前探梁接顶严实，端头支护牢靠。

项目二　采煤机安全检查

1. 检查采煤机安全保护
(1) 喷雾、冷却及连接装置完好。
(2) 电气控制按钮防护齐全、完好，闭锁可靠。
(3) 机载甲烷报警断电仪灵敏、可靠。
(4) 信号报警及电气保护装置齐全、可靠，通信联络畅通。

2. 检查采煤机运行状态
(1) 采高和截割后的空顶距合格。

（2）传动装置运转声音、温度正常。

（3）停机后，电气隔离开关处于断电位置。

项目三　安全出口安全检查

（1）采煤工作面有 2 个或 2 个以上畅通的安全出口。安全出口人行道宽度不低于 0.8 m。

（2）采煤工作面安全出口与巷道连接处支护牢固，加强支护的巷道长度不小于 20 m。

（3）综采工作面安全出口巷道高度不低于 1.8 m，其他工作面不低于 1.6 m。

（4）安全出口和与之相连的巷道有专人维护。

模块二　掘进系统安全检查（简称 K2）

项目一　顶板支护安全检查

（1）工作面迎头支柱完好、支护可靠。

（2）巷道控顶距合格，无空顶、空帮现象。

（3）前探梁等临时支护措施落实到位。

项目二　掘进机安全检查

（1）前后照明良好，机头作业处无人员。

（2）机身固定牢靠、运转平稳。

（3）电气设备无"失爆"现象。

（4）信号报警和机载喷雾装置等完好。

（5）通信联络可靠。

项目三　运输设备设施安全检查

（1）运输轨道牵引绞车完好，安装固定牢靠。

（2）斜巷"一坡三挡"、信号报警装置等安全保护装置齐全、可靠。

（3）刮板输送机平直，机头和机尾的压柱、刮板、链、槽和传动装置保护罩等齐全、完好。

（4）带式输送机胶带不跑偏，机道清洁无杂物，信号畅通，各种安全保护齐全、可靠。

（5）电气设备接地可靠，无"失爆"现象。

项目四　爆破安全检查

（1）工作面炸药、雷管入箱上锁、退库及时。

（2）爆破前，爆破警戒布置到位。

（3）"一炮三检"和"三人连锁爆破"制度执行良好。

（4）爆破后，各项检查结果正常。

模块三　井下电气系统安全检查（简称 K3）

项目一　防爆低压开关的实际检查操作的检查

1. 环境的检查

（1）无淋水、无积水、无杂物、无易燃物。

（2）在巷道旁安装的电气设备不妨碍行人，无被矿车碰撞的危险。

（3）电气设备所在的风流中无瓦斯，在回风流安装的电气设备上风侧 10 ~ 15 m 处应安装甲烷传感器。

2. 开关外壳检查

（1）开关的外壳上应有标牌，标牌上应注有开关名称、型号、用途、额定电压、整定值、最小两相短路电流和负责人。

（2）隔爆外壳应清洁、完整无损、无严重变形，并有清晰的防爆标志和"MA"安全标志。

（3）观察窗（孔）、显示窗清晰明亮，玻璃板不松动。

（4）防爆部位的紧固螺栓、弹簧垫齐全紧固，螺栓螺纹应露出 1 ~ 3 个螺距，弹簧垫圈的规格应与螺栓直径相符合。

（5）接线装置的检查：

①进线嘴连接紧固，接线后紧固件的紧固程度以抽拉电缆不窜动为合格。接线嘴压紧应有余量。

②接线嘴的紧固程度：压紧螺母式接线嘴以用一只手的拇指、食指和中指同时攥紧螺母，顺时针拧不动为合格；压盘式线嘴用手晃不动为合格。

③压盘式线嘴压紧电缆后的压扁量不超过电缆直径的 10%。

（6）用塞尺检查隔爆面的间隙，隔爆面宽度应符合以下规定：平面接合面和止口接合面宽度 L（mm）：$6 \leqslant L < 12.5$，间隙不大于 0.3 mm；$12.5 \leqslant L < 25$，间隙不大于 0.4 mm；$L \geqslant 25$，间隙不大于 0.5 mm。

（7）接地螺栓、接地线应无锈蚀，接地线截面积应不小于 25 mm^2 的铜线，或截面积不小于 50 mm^2 的镀锌铁线，或厚度不小于 4 mm、截面积不小于 50 mm^2 的扁钢。

3. 停电检查项目

（1）接线装置的检查：

①密封圈内径与电缆外径差应小于 1 mm（自由状态下）。

②密封圈外径与进线嘴内径间隙应符合以下规定：密封圈直径不大于 20 mm 间隙不大于 1 mm；密封圈直径大于 20 mm，不大于 60 mm 间隙不大于 1.5 mm；密封圈直径大于 60 mm，间隙不大于 2 mm。

③密封圈宽度应不小于电缆外径的 0.7 倍，但必须大于 10 mm。厚度应不小于电缆外径的 0.3 倍，但必须大于 4 mm（70 mm 的橡套电缆例外）。

④密封圈应完全套在电缆护套上，无破损、不得割开使用。电缆与密封圈之间不得包扎其他物体。低压隔爆开关引入铠装电缆时，密封圈应全部套在电缆铅皮上。电缆护套穿入开关器壁长度一般为 5 ~ 15 mm。

⑤隔爆开关闲置接线嘴应用密封圈及厚度不小于 2 mm 金属挡板压紧。放置顺序，从里到外依次为胶圈、挡板和挡环。

（2）检查接线腔：

①接线腔应干净、无杂物，电源接线侧有电源负荷隔离保护罩。

②接线螺帽、平垫、弹簧垫齐全紧固。

③接线柱绝缘套管紧固，不松动。

④测量电气间隙：测量相间裸露部位空气间的最短距离：127 V 应不小于 6 mm；380 V 应不小于 8 mm；660 V 应不小于 10 mm；1140 V 应不小于 18 mm。

⑤电缆进入设备器壁的导线，接地线应长于火线，电缆拉脱时接地线应最后拉脱。

（3）检查闭锁装置：

①闭锁螺杆应转动灵活，闭锁螺杆拧不到位打不开开关门。

②电磁启动器隔离开关闭锁，不按下停止按钮扳不动隔离开关手把。

（4）检查主腔：

①各元件安装紧固，接线连接螺栓、平垫、弹簧垫齐全紧固，导电连接片、导线无烧伤痕迹。

②检查各整定值是否整定合理。

③检查各防爆面是否有锈蚀、超限的伤痕。

项目二　电动机过负荷保护的检查

（1）检查控制设备过负荷保护装置：

①检查整定值是否整定合理、动作可靠、显示准确。

②检查电机综合保护检验记录是否符合规定。

（2）检查控制设备的三相主触头是否同时接触，接线连接是否紧固。

（3）检查电动机是否被埋，散热环境是否良好。

（4）检查操作是否合理，是否超负荷运行。

项目三　漏电保护运行和维护的检查

（1）检查值班电钳工每天对检漏保护装置运行情况进行的检查试验记录内容是否完善。

（2）观察欧姆表的指示数值是否正常。当电网绝缘 1140 V 低于 50 kΩ，660 V 低于 30 kΩ，380 V 低于 15 kΩ，127 V 低于 10 kΩ 时，应及时采取措施，设法提高电网绝缘电阻值，尽量避免自动跳闸。

（3）局部接地极和辅助接地极的安设应良好。

（4）用试验按钮对检漏保护装置进行跳闸试验。漏电电阻值、闭锁电阻值应符合规定。

（5）在瓦斯检查员的配合下，对新安装的检漏保护装置在首次投入运行前做一次远方人工漏电跳闸试验。运行中的检漏保护装置，每月至少做一次远方人工漏电跳闸试验。试验方法是：在最远端的控制开关的负荷侧按不同电压等级接入试验电阻（127 V 用 2 kΩ、10 W 电阻，380 V 用 3.5 kΩ、10 W 电阻，660 V 用 11 kΩ、10 W 电阻，1140 V 用 20 kΩ、10 W 电阻）。

项目四　电缆的安装和敷设的检查

（1）在总回风巷、专用回风巷及机械提升的进风倾斜井巷（不包括输送机上、下山）中敷设电力电缆时，是否有可靠的保护措施，并经矿总工程师批准。

（2）检查电缆的敷设是否符合下列要求：

①在水平巷道或者倾角在 30°以下的井巷中，电缆应当用吊钩悬挂。

②在立井井筒或者倾角在 30°及以上的井巷中，电缆应当用夹子、卡箍或者其他夹持装置进行敷设。夹持装置应当能承受电缆重量，并不得损伤电缆。

③水平巷道或者倾斜井巷中悬挂的电缆应当有适当的弛度，并能在意外受力时自由坠落。其悬挂高度应当保证电缆在矿车掉道时不受撞击，在电缆坠落时不落在轨道或者输送机上。

④电缆悬挂点间距，在水平巷道或者倾斜井巷内不得超过 3 m，在立井井筒内不得超过 6 m。

⑤沿钻孔敷设的电缆必须绑紧在钢丝绳上，钻孔必须加装套管。

（3）检查电缆的悬挂是否符合下列规定：

①电缆不应悬挂在管道上，不得遭受淋水。电缆上严禁悬挂任何物件。

②电缆与压风管、供水管在巷道同一侧敷设时，必须敷设在管子上方，并保持 0.3 m 以上的距离。

③在有瓦斯抽采管路的巷道内，电缆（包括通信电缆）必须与瓦斯抽采管路分挂在巷道两侧。

④盘圈或者盘"8"字形的电缆不得带电，但给采、掘等移动设备供电电缆及通信、信号电缆不受此限。

⑤井筒和巷道内的通信（监测）和信号电缆应当与电力电缆分挂在井巷的两侧，如果受条件所限：在井筒内，应当敷设在距电力电缆 0.3 m 以外的地方；在巷道内，应当敷设在距电力电缆上方 0.1 m 以上的地方。

⑥高、低压电力电缆敷设在巷道同一侧时，高、低压电缆之间的距离应当大于 0.1 m；高压电缆之间、低压电缆之间的距离不得小于 50 mm。

⑦井下巷道内的电缆，沿线每隔一定距离、拐弯或者分支点以及连接不同直径电缆的接线盒两端、穿墙电缆的墙的两边都应当设置注有编号、用途、电压和截面的标志牌。

（4）检查立井井筒中敷设的电缆中间是否有接头，需设接头时是否符合规定。

（5）检查电缆穿过墙壁部分是否用套管保护，并严密封堵管口。

（6）检查电缆的连接应当符合下列要求：

①电缆与电气设备连接时，电缆线芯必须使用齿形压线板（卡爪）、线鼻子或者快速连接器与电气设备进行连接。

②不同型电缆之间严禁直接连接，必须经过符合要求的接线盒、连接器或者母线盒进行连接。

（7）检查橡套电缆的修补连接是否符合规定。

模块四　提升运输系统安全检查（简称 K4）

项目一　提升机房的检查

（1）提升机房应清洁整齐、物放有序。

（2）有防火器具、转动部位有防护罩、危险部位有栅栏。

（3）墙上有岗位责任制、操作规程、电气系统图和设备完好标准牌板。

（4）有绞车、钢丝绳、天轮、提升容器、防坠器、罐道等的检查记录；交接班记录、事故记录、外来人员入室登记记录。

（5）设备上有标牌，有负责人。

项目二　检　查　提　升　机

（1）用手锤检查各部分的连接零件（如螺栓、铆钉、销轴等）是否松动，轴承座和地脚螺栓更应注意检查。

（2）检查各转动部分是否运行平稳，各部机座和基础螺栓是否松动。

（3）检查盘型闸同一副闸瓦平行度，闸瓦接触面积、间隙是否超限（盘型闸同一副制动闸两闸瓦工作面的平行度不得超过 0.5 mm；制动时，闸瓦与制动盘的接触面积不得小于闸瓦面积的 60%；松闸后，闸瓦与制动盘之间的间隙不大于 2 mm），保险制动闸的动作是否正常，操作手把施闸时是否还留有 1/4 的余量，盘型闸蝶形弹簧是否失效。检查盘型闸的工作状态：将闸处于全制动状态，再逐渐向油缸内充入压力油，各闸瓦就在不同油压下慢慢松开，记下各闸瓦松开的油压值，其中最高油压值与最低油压值之差，应不大于最高油压值的 10%。

（4）液压站及各油路应无漏油，液压站残压不大于 0.5 MPa。

（5）检查深度指示器的丝杠螺母松动情况，指示是否正确。

（6）检查滚筒：

①检查钢丝绳绳头是否在滚筒内用专用的卡绳装置卡紧，钢丝绳在滚筒上排列是否整齐。

②检查滚筒上缠绕钢丝绳层数是否超过规定，滚筒边缘高出最外层钢丝绳的高度是否大于钢丝绳直径的2.5倍。

③检查滚筒上缠绕钢丝绳是否咬绳、跳绳。

（7）检查松绳信号装置、闸瓦间隙保护装置、室内外过卷保护装置等保护装置是否动作可靠。

（8）检查润滑油泵运行是否正常，各润滑部位油流是否畅通，油温是否正常。

项目三　检查电控系统

（1）检查提升机电源是否两回路供电，是否一条线路送电运行，一条线路带电备用。

（2）检查是否PLC控制。

（3）检查各接触器（信号盘、转子控制盘、换相器等）触点是否磨损、烧损严重。

（4）检查高压开关是否装有"五防"闭锁装置（即防止误分、误合断路器；防止误带负荷拉、合隔离开关；防止带电挂接地线；防止带接地线合隔离开关；防止人员误入带电间隔）。

（5）检查各仪表是否指示准确。

（6）检查各种保护装置整定值是否整定准确。

（7）检查防爆装置是否符合防爆标准的规定。

项目四　检查钢丝绳

（1）检查钢丝绳检查记录查看以下内容：

①记录是否完整清楚，是否每日都进行检查。

②是否按规定周期送检、刹绳。

③钢丝绳的磨损、断丝、锈蚀是否超限。

（2）钢丝绳的实际检查：

①检查断丝：用棉纱包住钢丝绳，使绞车慢速运行，当至钢丝绳断丝处，断丝头则钩起棉纱。

②检查磨损：检查记录中磨损严重点和实际目测钢丝绳磨损严重点，用游标卡尺进行测量，用下式进行计算：

$$直径磨损百分比 = \frac{D_B - D_S}{D_B} \times 100\%$$

式中　D_B——钢丝绳标称直径，mm；

　　　D_S——实际测量钢丝绳外径，mm；

③检查锈蚀：绞车慢速运行，至目测钢丝绳锈蚀严重处，停车检查，如钢丝绳有较厚的锈皮，较深的锈蚀坑，并连成沟槽，钢丝绳外表钢丝松动，则视为三级锈蚀。如钢丝绳断丝、磨损、锈蚀中有一项超过《煤矿安全规程》规定，则定为钢丝绳不合格。

（3）检查钩头：斜巷连接装置（简称钩头）有三种形式：卡子型、插接型和乌金浇铸型。卡子型钩头要保证不少于 4 副卡子，护绳环完好，螺栓紧固。插接型插接长度应不少于 5 个捻距，护绳环完好，无断丝、锈蚀、磨损和变形等情况。

项目五　矿井倾斜井巷串车提升防止跑车安全防护设施的检查

1. 防护设施安装位置的检查

（1）在各车场是否安设能够防止带绳车辆误入非运行车场或者区段的阻车器。

（2）在上部平车场入口是否安设能够控制车辆进入摘挂钩地点的阻车器。

（3）在上部平车场接近变坡点处，是否安设能够阻止未连挂的车辆滑入斜巷的阻车器。阻车器是否处于关闭状态，车辆通过时开启，通过后立即关闭。

（4）在变坡点下方略大于 1 列车长度的地点，是否设置能够防止未连挂的车辆继续往下跑车的挡车栏；挡车栏应为自动常闭且与绞车连锁。下放车辆时列车全部进入斜坡后挡车栏方可开启，车辆通过后挡车栏立即关闭。挡车栏应与进入斜坡的车辆有一定的安全距离，防止列车碰撞。

（5）倾斜井巷下车场变坡点上方略大于 1 列车长度的地点，是否设置能够将运行中断绳、脱钩的车辆阻止住的挡车栏。

（6）倾斜井巷的长度大于 100 m 时，在巷道内是否安设能够将运行中断绳、脱钩的车辆阻止住的跑车防护装置。

（7）兼作行驶人车的倾斜井巷，在提升人员时，倾斜井巷中的挡车装置和跑车防护装置是否是常开状态并闭锁。

（8）斜巷防跑车系统是否具有监视信号，当系统发生故障时，应发出报警信号。

（9）防跑车装置是否有设计，是否严格按照设计安装。

2. 防护设施和安装质量的检查

（1）斜巷轨道地辊是否齐全、灵活可靠，地辊架是否具有防脱闭锁功能，地辊之间一般间距为 15 m，最大距离不超过 25 m，以轨枕、道木无明显磨痕为准，巷道内变坡点处应增加地辊，变坡度数在 15° 以上的，在此变坡点处应装设大地辊，地辊坑内应清洁无杂物、积水。

（2）检查阻车器是否符合要求：

①阻车器固定时必须采用加工配套部件固定在轨道上，不得安装在轨道接头位置。

②阻车器转动灵活、可靠，处于常闭状态。

③阻车器中心与轨道中心一致。

（3）检查挡车栏是否符合要求：

①挡车栏要有足够的强度，挡车栏要固定在巷道装设的横梁上。

②挡车栏中心线应与轨道中心线重合。

③车挡应设计成单向迫开式，向上提车辆时，因系统发生故障，不能自动开启时，能使车辆顺利通过。

（4）信号、传感器和连锁的检查：

①信号声光清晰，音响准确，合乎防爆要求。

②传感器安装位置合理、动作可靠。

③系统各装置之间连锁符合要求，动作可靠。

模块五 "一通三防"安全检查（简称 K5）

项目一 采煤工作面"一通三防"安全检查

1. 检查通风设施
（1）采区风门、风窗、风墙等通风设施齐全、完好。
（2）损坏的通风设施能够得到及时维修。

2. 检查检测装置
（1）风电闭锁、甲烷电闭锁、甲烷检测报警等装置完好、可靠。
（2）测风、测尘工作有专人负责检测，记录完整。
（3）有关人员随身携带便携式甲烷检测报警仪。

3. 检查有害气体
（1）进风巷风流中甲烷浓度不超过 0.5%，超过时现场有关人员能及时采取有效措施。
（2）风流中甲烷浓度达到 1.0% 时，停止用煤电钻打眼，达到 1.5% 时，立即切断电源、撤出人员，并立即向调度室汇报。
（3）爆破地点附近 20 m 以内风流中的甲烷浓度达到 1.0% 时，严禁爆破。
（4）风流中二氧化碳浓度达到 1.5% 时，停止工作、撤出人员。

项目二 掘进工作面"一通三防"安全检查

1. 检查通风设施
（1）局部通风机工作正常。
（2）风筒采用抗静电、阻燃材料，吊挂平直，不漏风。
（3）损坏的通风设施能够得到及时维修。
（4）工作面具有"双风机，双电源"并能自动切换。

2. 检查检测装置
（1）风电闭锁、甲烷电闭锁、甲烷检测报警等装置完好、可靠。

（2）测风、测尘工作有专人负责检测，记录齐全、真实。

3. 检查有害气体

（1）进风流中甲烷和二氧化碳浓度不超过 0.5%。

（2）甲烷浓度超过 1.0% 时，停止使用煤电钻打眼。

（3）甲烷或二氧化碳浓度超过相关规定时，停止工作、切断电源、撤出人员，并立即向调度室汇报。

（4）甲烷检查牌板设置完好，记录齐全、真实。

项目三　安全监测监控设备安全检查

（1）甲烷传感器功能完好、垂直悬挂，距顶板不大于 300 mm，距巷道侧壁不小于 200 mm。

（2）风速、压差、温度、一氧化碳等传感器功能完好，悬挂位置正确。

（3）分站设置在进风巷或硐室中，设置地点支护良好、无滴水、无杂物，吊挂位置距巷道地板 300 mm 以上。

（4）声、光报警装置悬挂在经常有人工作，便于观察和警示的地点。

（5）系统发生故障时，能够在 24 h 内得到维修或更换处理。

模块六　井下探放水安全检查（简称 K6）

项目一　探放水作业前安全检查

（1）钻孔附近支护完好，工作面迎头立柱和拦板紧固、可靠，无空顶、空帮现象。

（2）排水设备完好，排水沟通畅、蓄水池无杂物。

（3）作业场所通风良好，便携式甲烷检测报警仪功能完好、安装位置正确。甲烷浓度不超过 1.0%。

（4）钻机安装牢靠，保护装置齐全、完好，专用电话畅通。

（5）探放水施工技术措施落实到位。

项目二　探放水作业过程安全检查

（1）钻机工作平稳，操作规范。

（2）发现突（透）水征兆时，立即停止钻进，但不得拔出钻杆，并立即向调度室汇报，将所有受突（透）水威胁区域的人员撤至安全地点。

（3）探放老空水，钻探接近老空时，有瓦斯检查工或矿山救护队员在现场值班，随时检查空气成分。

项目三　探放水作业效果安全检查

（1）钻孔的方位、倾角、深度和钻孔数量等施工参数正确。

（2）探放老空水时，撤出探放水点标高以下受水害威胁区域所有人员。观察、核对放水量和水压等，直到老空水放完为止。

（3）发现排水量突然变化时，立即报告调度室，分析原因，及时处理。

（4）探放水作业记录完整，报告及时、正确。

全国煤矿安全技术培训通用教材

责任编辑：刘永兴　赵金园
封面设计：于春颖

微信

模拟测试

ISBN 978-7-5020-7162-2

9 787502 071622 >

定价：25.00元